普通高等教育数据科学与大数据技术专业教材

Excel 数据处理与分析
（第二版）

主　编　张志明　邹　蕾

副主编　逯　晖　段红玉

中国水利水电出版社
www.waterpub.com.cn
·北京·

内 容 提 要

在信息时代，数据作为重要的生产力，为社会发展提供了大数据支持，发挥着重大作用。Excel 作为微软 Office 办公软件的重要组成部分之一，能够完成数据录入、数据处理、数据计算和统计分析等操作，被广泛用于日常办公、数据管理和财务金融等领域。

本书从培养学生信息素养、计算机操作技能和计算思维的目标出发，讲述了 Excel 的相关知识，主要包括数据处理基础、公式的使用、函数的使用、常用函数、数据分析、数据保护、文件打印、综合案例和常见问题解析等内容。

本书采用循序渐进的方式，详细介绍了数据处理和分析统计相关知识与技巧。突出强调数据处理与分析的实用性和适用性，设计了大量的具有实战意义的综合案例，引领读者快速有效地掌握实用技能，提高学生在数据处理与分析方面的计算机能力。

本书可作为本科和专科相关课程的教材使用，也可作为 Excel 培训班、办公室管理人员和计算机爱好者的参考用书。

图书在版编目（CIP）数据

Excel 数据处理与分析 / 张志明, 邹蕾主编.
2 版. -- 北京：中国水利水电出版社, 2025. 4.
（普通高等教育数据科学与大数据技术专业教材）.
ISBN 978-7-5226-3277-3

Ⅰ. TP391.13

中国国家版本馆 CIP 数据核字第 2025ZL3719 号

责任编辑：魏渊源　　加工编辑：王新宇　　封面设计：苏敏

书　　名	普通高等教育数据科学与大数据技术专业教材 Excel 数据处理与分析（第二版） Excel SHUJU CHULI YU FENXI
作　　者	主　编　张志明　邹　蕾 副主编　逯　晖　段红玉
出版发行	中国水利水电出版社 （北京市海淀区玉渊潭南路 1 号 D 座　100038） 网址：www.waterpub.com.cn E-mail: mchannel@263.net（答疑） 　　　　sales@mwr.gov.cn 电话：（010）68545888（营销中心）、82562819（组稿）
经　　售	北京科水图书销售有限公司 电话：（010）68545874、63202643 全国各地新华书店和相关出版物销售网点
排　　版	北京万水电子信息有限公司
印　　刷	三河市德贤弘印务有限公司
规　　格	210mm×285mm　16 开本　11 印张　261 千字
版　　次	2018 年 8 月第 1 版　　2018 年 8 月第 1 次印刷 2025 年 4 月第 2 版　　2025 年 4 月第 1 次印刷
印　　数	0001—2000 册
定　　价	39.00 元

凡购买我社图书，如有缺页、倒页、脱页的，本社营销中心负责调换

版权所有·侵权必究

第二版前言

随着计算机在各行业的普及，信息素养和计算机能力（计算机操作能力、计算机与专业结合能力和运用计算机创新能力）已经成为各领域人才必须掌握的重要技能，计算机能力的高低成为衡量人才素质的基本标准。Excel 作为 Microsoft Office 办公系列软件之一，应用范围非常广泛，是日常现代化办公、数据处理和分析有效工具。

本书内容丰富，图文并茂，每个章节都精心设计了思维导图、案例视频、课后习题等数字化资源，充分增加了案例的可操作性，便于不同层次的学生学习使用。在设计本书中的案例时，充分考虑到了 Excel 软件版本问题，所有案例基本上都不受 Excel 软件版本影响，具有很好的通用性。

新版教材在第一版基础上全面升级，一是新增了思维导图、视频二维码和章节习题，丰富内容形式；二是优化了知识框架，提升了内容的条理性、逻辑性和易读性；三是系统归类常见问题并给予解决建议，增强了教材的实用性。此次改版体现了作者对教材质量和读者体验的持续追求，旨在为读者提供更优质的学习支持。

本书采用循序渐进的方式，详细介绍了 Excel 相关内容，全书共包括 9 章，具体章节内容如下。

第 1 章：主要介绍 Excel 和数据处理之间的关系，以及 Excel 数据处理的基础知识和操作内容（如数据处理概述、数据录入、数据编辑和表格格式设置等）。

第 2 章至第 3 章：主要介绍 Excel 公式和函数的使用方法，包括公式基础、单元格引用、公式调试、函数基础、函数使用和定义名称等内容。

第 4 章：详细介绍 Excel 常用函数类型相关知识和使用方法，如数学与统计函数、文本函数、日期时间函数、查找与引用函数等。

第 5 章：主要介绍 Excel 数据分析相关内容，如条件格式、数据排序、数据筛选、分类汇总、数据透视表、数据透视图和图表等。

第 6 章至第 7 章：主要介绍 Excel 数据保护和文件打印的相关内容，如工作表保护、工作簿保护、文件保护、窗口操作、页面设置、打印预览与打印等。

第 8 章：通过对多个实际案例背景介绍、案例分析、操作实现和回顾总结的方式，灵活运用教材内容。

第 9 章：结合日常工作中使用 Excel 的常见问题，针对常见问题和疑问，给予相应的指导和帮助。

根据计算机能力、信息素养和学科融合创新能力培养需要，本书精心设计知识目标、能力目标以及综合案例，突出训练学生的逻辑思维和计算机能力，在潜移默化中不断提升学生的信息素养和综合素质，达到人才培养的目的。

（1）知识目标和能力目标：针对每一章内容，以项目列表的形式列出了知识目标和能力目标，引导学生以此为标准，认真学习，深入领会。

（2）内容讲解：围绕实际生活工作案例，深入浅出地讲解理论知识，突出知识的实用性和可操作性，充分锻炼学生的动手能力，提升信息素养和计算机能力。

（3）案例实操：本书结合实际生活工作需求，精心设计了 8 个综合教学案例，涵盖了本书几乎全部知识点。学生可以反复对其进行练习，经过"模仿→思考→独立操作→高效完成"，强化动手技能和知识运用。

（4）知识拓展：结合计算机课程性质，除配套的教学资源外，课程提供了微信公众号，读者可以进行关注，公众号会将新的拓展内容不定期地推送，从而最大程度满足用户需求。

本书提供了立体化的教学资源，教师可以方便地使用教学课件、案例素材、微课视频等多种教学资源。

（1）教学资源包：配套开发了丰富的教学资源包，如思维导图、教学课件、案例文件、微课视频、课堂练习等。

（2）微信公众号：读者可以扫码关注微信公众号，编者将不定期通过微信公众号更新教学资源，发布教材相关文章、视频等资源，供读者参考。

（3）线上课程：读者可以通过学习通 App 访问超星学习通平台的"Excel 高级应用"相关课程，课程邀请码为 66669047。

本书由张志明、邹蕾任主编，由逯晖、段红玉任副主编，由李红娟、李丹、陈文丰、孙雅娟、刘雅楠、高翠玲等人参编，尽管编者在编写本书的过程中倾注了大量心血，但难免仍有疏漏，恳请广大读者及专家不吝赐教，编者邮箱为 mjxyzzm@qq.com。

编者

2024 年 10 月

目 录

第二版前言

第1章 数据处理基础 …………………… 1
  1.1 数据处理概述 ………………………… 2
    1.1.1 数据处理的意义 ……………… 2
    1.1.2 Excel与数据处理 ……………… 6
    1.1.3 常见数据类型 ………………… 7
  1.2 数据录入 …………………………… 9
    1.2.1 基础数据录入 ………………… 9
    1.2.2 常用操作 ……………………… 10
  1.3 数据编辑 …………………………… 14
    1.3.1 数据格式设置 ………………… 14
    1.3.2 查找、替换和定位 …………… 15
    1.3.3 数据更正 ……………………… 16
  1.4 表格格式设置 ……………………… 17
    1.4.1 行高和列宽调整 ……………… 17
    1.4.2 边框和填充色设置 …………… 17
    1.4.3 表格格式套用 ………………… 18
  1.5 本章习题 …………………………… 19

第2章 公式的使用 ……………………… 22
  2.1 公式基础 …………………………… 23
    2.1.1 公式的组成 …………………… 23
    2.1.2 运算符 ………………………… 23
    2.1.3 运算优先级 …………………… 24
  2.2 单元格引用 ………………………… 24
    2.2.1 相对引用 ……………………… 24
    2.2.2 绝对引用 ……………………… 25
    2.2.3 混合引用 ……………………… 25
    2.2.4 外部引用 ……………………… 25
  2.3 公式调试 …………………………… 26
    2.3.1 常见公式错误 ………………… 26
    2.3.2 引用追踪 ……………………… 26
    2.3.3 公式求值 ……………………… 27
  2.4 本章习题 …………………………… 28

第3章 函数的使用 ……………………… 30
  3.1 函数基础 …………………………… 30
    3.1.1 函数结构 ……………………… 31
    3.1.2 函数类型 ……………………… 31
    3.1.3 常用函数介绍 ………………… 32
  3.2 函数使用 …………………………… 32
    3.2.1 函数录入 ……………………… 32
    3.2.2 函数编辑 ……………………… 34
    3.2.3 函数嵌套 ……………………… 34
  3.3 定义名称 …………………………… 35
    3.3.1 名称定义 ……………………… 36
    3.3.2 名称使用 ……………………… 36
  3.4 本章习题 …………………………… 37

第4章 常用函数 ………………………… 39
  4.1 数学与统计函数 …………………… 40
    4.1.1 基础数学函数：Pi/Abs/Int/Round/
        Mod …………………………… 40
    4.1.2 平均值函数：Average/Averageif/
        Averageifs …………………… 43
    4.1.3 求和函数：Sum/Sumif/Sumifs/Product/
        Sumproduct ………………… 45
    4.1.4 统计个数函数：
        Count/Counta/Countif/Countifs/
        Countblank/Frequency ……… 48
    4.1.5 最大/最小值函数：Max/Large/Min/
        Small ………………………… 51
    4.1.6 众数/中位数函数：MODE.Sngl/
        Median ……………………… 54
    4.1.7 随机数函数：Rand/Randbetween …… 55
    4.1.8 排名函数：Rank/Rank.AVG … 56
  4.2 文本函数 …………………………… 57
    4.2.1 基础文本函数：Trim/Rept/Exact/
        Phonetic ……………………… 57
    4.2.2 文本长度函数：Len/Lenb …… 59
    4.2.3 大小写转换函数：Upper/Lower/
        Proper ………………………… 60

4.2.4　字符提取函数：Left/Right/Mid ············ 61
4.2.5　文本替换函数：Replace/Substitute ······· 63
4.2.6　求字符位置函数：Find/Search ············ 64
4.2.7　文本数值转换函数：Value/Text ··········· 65
4.3　日期时间函数 ·· 68
4.3.1　基础日期时间函数：Today/Now/Weekday ·· 68
4.3.2　年月日函数：Year/Month/Day ············ 70
4.3.3　时分秒函数：Hour/Minute/Second ······· 71
4.3.4　日期转换函数：Date/Datevalue ·········· 72
4.3.5　日期间隔函数：Datedif/Edate/Workday ································· 73
4.4　查找与引用函数 ·· 75
4.4.1　基础查找与引用函数：Row/Column/Offset ····························· 75
4.4.2　行列数函数：Rows/Columns ················ 77
4.4.3　查找定位函数：Lookup/Vlookup/Hlookup ································ 78
4.5　逻辑函数 ··· 81
4.5.1　基础逻辑函数：Istext/Isnumber/Islogical/Isblank/Iserror/Iseven/Isodd ················ 81
4.5.2　逻辑计算函数：And/Or/Not ················· 81
4.5.3　条件函数：If/Iferror ······························ 83
4.6　本章习题 ··· 84

第5章　数据分析 ··· 90
5.1　条件格式 ··· 91
5.1.1　条件格式设置 ·· 91
5.1.2　条件格式管理 ·· 92
5.1.3　清除条件格式 ·· 94
5.2　数据排序 ··· 94
5.2.1　简单排序 ·· 95
5.2.2　多重排序 ·· 95
5.3　数据筛选 ··· 96
5.3.1　自动筛选 ·· 97
5.3.2　自定义筛选 ·· 97
5.3.3　高级筛选 ·· 98
5.4　分类汇总 ··· 99
5.4.1　管理分类汇总 ·· 99
5.4.2　显示或隐藏分类汇总 ························· 100
5.5　数据透视表 ··· 100

5.5.1　数据透视表构成 ··································· 100
5.5.2　创建数据透视表 ··································· 101
5.5.3　编辑数据透视表 ··································· 103
5.5.4　删除数据透视表 ··································· 104
5.5.5　使用切片器 ··· 104
5.6　数据透视图 ··· 105
5.6.1　创建数据透视图 ··································· 105
5.6.2　设置数据透视图 ··································· 106
5.7　图表 ·· 106
5.7.1　创建图表 ·· 107
5.7.2　编辑图表 ·· 107
5.8　本章习题 ··· 108

第6章　数据保护 ··· 111
6.1　工作表保护 ··· 112
6.1.1　数据验证 ·· 112
6.1.2　保护单元格公式 ··································· 113
6.1.3　保护工作表 ··· 114
6.2　工作簿保护 ··· 115
6.2.1　保护工作簿 ··· 115
6.2.2　隐藏工作簿 ··· 116
6.3　文件保护 ··· 116
6.4　窗口操作 ··· 117
6.4.1　窗口拆分 ·· 117
6.4.2　窗口冻结 ·· 118
6.5　本章习题 ··· 119

第7章　文件打印 ··· 121
7.1　页面设置 ··· 122
7.1.1　命令组设置页面 ··································· 122
7.1.2　对话框设置页面 ··································· 123
7.2　打印预览与打印 ··· 125
7.3　本章习题 ··· 126

第8章　综合案例 ··· 127
8.1　会员信息管理案例 ··· 128
8.1.1　案例描述 ·· 128
8.1.2　案例实操 ·· 129
8.1.3　案例总结 ·· 131
8.2　考试成绩统计案例 ··· 132
8.2.1　案例描述 ·· 132
8.2.2　案例实操 ·· 133
8.2.3　案例总结 ·· 134

8.3 员工信息管理案例 …………………… 135
　　8.3.1 案例描述 …………………… 135
　　8.3.2 案例实操 …………………… 136
　　8.3.3 案例总结 …………………… 138
8.4 体育测试统计案例 …………………… 138
　　8.4.1 案例描述 …………………… 139
　　8.4.2 案例实操 …………………… 140
　　8.4.3 案例总结 …………………… 142
8.5 停车计费统计案例 …………………… 142
　　8.5.1 案例描述 …………………… 142
　　8.5.2 案例实操 …………………… 143
　　8.5.3 案例总结 …………………… 145
8.6 图书销售统计案例 …………………… 146
　　8.6.1 案例描述 …………………… 146
　　8.6.2 案例实操 …………………… 147
　　8.6.3 案例总结 …………………… 148
8.7 职工工资核算案例 …………………… 148
　　8.7.1 案例描述 …………………… 149
　　8.7.2 案例实操 …………………… 150
　　8.7.3 案例总结 …………………… 151
8.8 高效办公综合案例 …………………… 151
　　8.8.1 案例描述 …………………… 152
　　8.8.2 案例实操 …………………… 152
　　8.8.3 案例总结 …………………… 154

8.9 本章习题 …………………… 154
第 9 章 常见问题解析 …………………… 158
9.1 Excel 常见误区 …………………… 158
9.2 数据录入问题 …………………… 159
　　9.2.1 系统设置问题 …………………… 159
　　9.2.2 单元格格式设置问题 …………………… 159
　　9.2.3 数据填充问题 …………………… 160
9.3 公式错误问题 …………………… 161
　　9.3.1 公式使用问题 …………………… 161
　　9.3.2 单元格引用问题 …………………… 161
　　9.3.3 名称定义问题 …………………… 162
　　9.3.4 公式调试问题 …………………… 162
9.4 函数问题 …………………… 163
　　9.4.1 函数选择问题 …………………… 163
　　9.4.2 函数使用问题 …………………… 163
9.5 数据分析与打印问题 …………………… 164
　　9.5.1 表格格式设置问题 …………………… 164
　　9.5.2 数据排序问题 …………………… 165
　　9.5.3 数据筛选问题 …………………… 165
　　9.5.4 数据分类汇总问题 …………………… 166
　　9.5.5 数据透视表问题 …………………… 166
　　9.5.6 表格打印问题 …………………… 167
参考文献 …………………… 168

第 1 章　数据处理基础

近年来,"智慧城市""互联网+""大数据"等新名词频繁出现在大众视野,被大众所熟知,究其根本都离不开数据处理与分析。数据处理与分析对现实生产和工作有着重要意义,发挥着举足轻重的作用,已成为社会进步发展的新引擎。本章将详细讲解 Excel 数据处理基础,介绍 Excel 常见数据类型以及数据录入和编辑等相关知识。

知识目标

- 了解数据处理的意义和实际应用案例。
- 理解 Excel 与数据处理之间的关系和定位。
- 理解 Excel 常见数据类型的含义。
- 理解数据查找、替换和定位的含义和作用。

能力目标

- 掌握各种数据类型的录入方法。
- 掌握删除重复值和分列等数据清洗的操作方法。
- 掌握数据查找、替换和定位的操作方法。
- 掌握表格格式设置的操作方法。

思维导图

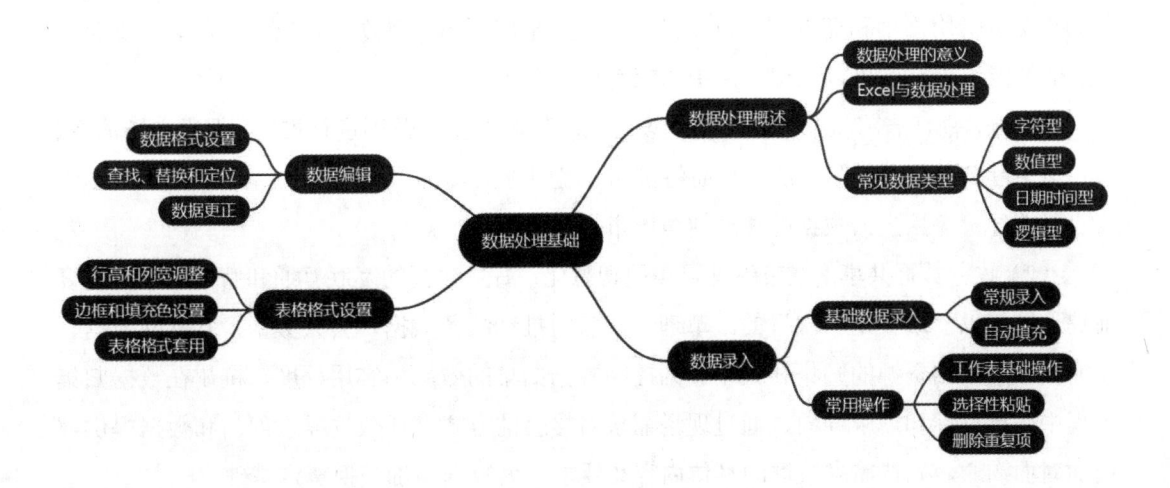

1.1 数据处理概述

自全球知名咨询公司麦肯锡（James O'McKinsey）提出大数据时代以来，大数据（Big Data）在物理学、生物学、环境生态学等领域，以及军事、金融、通信等行业存在已有时日，却没有形成大的规模效应。而伴随着互联网和信息行业的快速发展，却给大数据带来了前所未有的机遇，被运用到了各个行业领域，被人们誉为"新时代的生产力"。

大数据又称为海量数据，指的是需要处理才能具有更强的决策力、洞察力和流程优化能力的海量、高增长率和多样化的数据信息。大数据的根本是数据本身，企业内部的经营数据、互联网世界中的商品物流数据、现实生活中的人与人的交互数据、位置信息数据等，都属于大数据的范畴。通过对各种数据进行处理和分析，来盘活这些数据，使其为国家治理、企业决策乃至个人生活服务，是数据处理与分析的研究方向。

1.1.1 数据处理的意义

数据处理对现实生活有着重要的应用和指导意义，如气象预报相关的灾难预警、企业进销存信息提示、消费数据分析、智能化物流系统、企业财务管理等，都是在数据处理分析的基础上来完成的。当下数据处理与分析发挥着越来越重要的作用，带动了各项事业的智能、高效、环保和精确发展，推动了社会进步和发展。

1. 智慧城市建设案例

杭州作为阿里巴巴集团总部所在地，被称为我国的"电子商务之都"。如今，杭州同时还是全球最大的移动支付城市，"互联网+"社会服务指数中的"最智慧"城市，成为我国新型智慧城市建设标杆。

（1）便捷的城市服务。在建设移动智慧城市方面，浙江省一直走在全国前列，省会城市杭州早已成为全球最大的移动支付城市。数据显示，在杭州几乎所有的超市、便利店都能够使用支付宝付款，城市出租车支持移动支付，杭州的地铁、公交、餐饮门店、美容美发、KTV、休闲娱乐等行业也都支持支付宝付款。居民通过支付宝的城市服务，可以享受政务、车主、医疗等领域诸多便民服务，并可以凭借芝麻信用在景区、机场、公交站等服务网点免费借用雨伞和充电宝。真正做到了市民出门不需要带现金，仅凭一部装有支付宝App的智能手机，就可以处理生活中的衣食住行全部活动。

近年来，浙江省将杭州智慧城市建设的成功经验在全省范围进行推广，促进市场消费、城市服务和公共服务转型升级，从而将杭州、温州等全省11个市打造成基于信用、生活消费、商业经营等用户云数据的移动智慧城市。

（2）政务数据共享。城市治理要实现智慧化，海量数据的互联互通和智能共享是首要前提。杭州以"最多跑一次"的改革理念，着力推动政务数据、公共数据、互联网数据、企业数据等数据资源的归集和共享。为提高数据归集的效率和实用程度，杭州在数据归集过程中坚持目标和需求导向，通过现场需求对接会的方式，让数据需求部门和数据提供部门面对面沟通，确认需求数据的具体内容和要求，为数据精确交换奠定基础。

截至目前，杭州不动产登记实现了"一个窗口受理、一套表格填报、一个系统审核"，全流程 60 分钟领证的全国最快速度。商事登记在全国首推"1+N+X"多证合一、证照联办改革，率先启动"商事登记一网通"，实现绝大多数新设企业可按"一件事"标准进行网上办理。投资项目审批大力推行模拟审批、多测合一、联合验收等创新举措，投资项目总体审批周期大幅度缩短。公民个人事项办理推行"简化办、网上办、就近办"的原则，仅凭身份证和手机端 App 就可办理多项事务，极大简化了办理流程。

（3）城市数据大脑。数据归集是基础，智能运算是关键，杭州于 2016 年正式启动城市数据大脑。坚持创新引领，着力构建平台型人工智能中枢，推进大数据、云计算、人工智能等前沿科技的深度融合运用，给城市装上可以感知、预警、指挥的"大脑"。例如，急救点接到求助电话后，运算平台根据共享数据进行实时计算，自动调配沿线信号灯配时。同时，监控视频根据救护车的定位，始终跟踪救护车行驶，指挥中心的终端大屏会帮助交警把控急救的实时进展。调度中，对路段的预判提前多个路口，并以秒级单位进行分析判断，确保车辆以最快速度在绿灯状态下通行，从而达到节约急救时间的目的。

作为一项政企合作、科技含量极高、组织构架庞大的系统工程，杭州城市数据大脑建设高歌猛进。经过 3 年时间的建设，杭州城市数据大脑逻辑构架不断完善，机制平台不断形成，应用场景不断丰富，形成了警务、交通、城管、文旅、卫健、房管、应急、市场监管、农业、环保和基层治理等 11 大系统、48 个场景同步推进的良好局面。杭州城市数据大脑总体架构如图 1-1 所示。

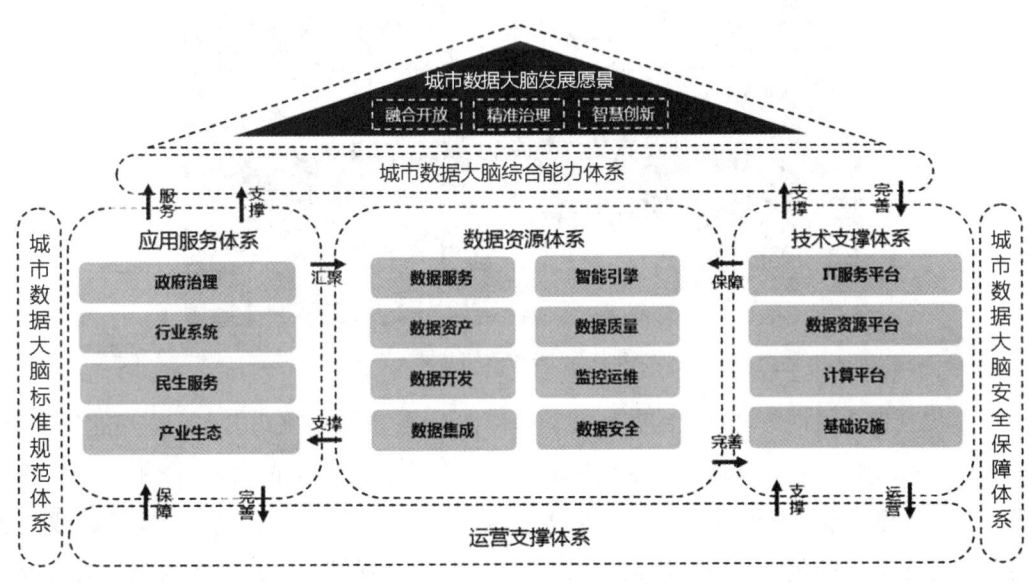

图 1-1　城市数据大脑总体架构

2. 菜鸟物流案例

菜鸟网络科技有限公司（简称"菜鸟物流"），是由阿里巴巴集团于 2013 年 5 月携手银泰百货、复星集团、富春集团、顺丰、申通、圆通、中通、韵达等多家快递公司成立的。同时，还启动了中国智能物流骨干网（China Smart Logistic Network，CSN）项目。菜鸟物流的目标是通过 5~8 年的努力，打造一个开放的社会化物流大平台，在全国任一地区都可以做到 24 小时送达快递。

（1）数据助力物流。截至 2023 年，我国物流行业规模稳居全球第一，但在技术水平和效率方面仍有较大提升空间。目前，物流行业存在空载率高（空载率仍接近 35%）、道路依赖性强（公路运输占比超过 70%）、卡车利用率低（平均日行驶里程约 350 公里）等问题，导致我国物流成本仍为发达国家的 1.5 倍以上。过去十年间，我国快递业务量的复合增长率保持在 25%左右，电商包裹量从每年 8.6 亿件激增至超过 1000 亿件。若继续保持这一增速，快递业将面临更大的承载压力。同时，价格战、资源重复建设，以及人力成本上升等问题，进一步加剧了行业的竞争与成长压力。

菜鸟物流提出要通过大数据协同，把物流服务中优质的部分培育出产品，推荐给商家和消费者。以开放的态度联合行业中的各个要素，如快递公司、仓储管理服务商、落地配送物流公司等，优化物流大数据，促成合理的物流方案。截至 2023 年 12 月，菜鸟物流的合作伙伴已超过 5000 家，覆盖全球 230 多个国家和地区，服务范围遍及全国 2800 多个区县，接入运输车辆超过 50 万辆，快递员规模突破 500 万人。

（2）智能化仓储建设。2016 年菜鸟物流全自动化仓库在广州增城正式开仓运转，实现了我国仓储智能化的新突破，标志着我国物流的仓储操作进入了一个全新水平，得到了业界的广泛关注，菜鸟智能仓储如图 1-2 所示。

图 1-2 菜鸟智能仓储

智能化仓储指根据订单对应的商品数量和种类不同，高效地挑选出大小适当的包装箱，在包装箱上打印标识码，并通过传送带传递到下一个节点。传送带每隔一段距离安装有传感器，可识别包装箱上的识别码，并决定将包装箱送到下一个节点，同时它支持路线合并和分流，订单对应的包裹会被传送到不同货架装入商品。拣货完成后，由封箱机器人和搬运机器人对包装箱封装和搬运，大量节省了商品打包的时间。

智能化仓储大幅降低了分拣员的劳动强度，提高了仓储管理的时效性（10 分钟出库）和准确率（100%），为企业实现当日达和次日达的服务目标提供了良好支持，并大幅度降低了仓储管理的成本。以社会物流总成本占 GDP 的比重为例，它是直接影响经济体综合实力的指标。目前，美国物流成本占国内生产总值（Gross Domestic Product，GDP）的 7%～8%，日本物流成本占比低于 5%。尽管我国连续 5 年物流总成本下降，但截至 2018 年我国的物流成本占比为 14.5%，远高于其他发达国家。菜鸟物流认为要充分利用大数据、绿色环保、人工智能等新技术，实现未来把中国社会物流总成本占 GDP 的比重降低到 5%，在物流方面为社会作出贡献。

（3）不一样的"双十一"。双十一购物节交易额从 2009 年的 5200 万元，增长到 2021 年的 5403 亿元，阿里巴巴集团仅用了 12 年。2021 年的双十一购物节覆盖了全球 230 多个国家和地区，有 29000 多个进口品牌和超 8 亿用户参与。面对巨大的物流数据和包裹运输量，物流运输却没有出现大的滞后现象，反而逐年提升，甚至出现不少的第二天送达的情况。同时，越来越多的电商企业和快递企业正在将"绿色理念"注入工作流程中。在双十一购物节前后，40000 个菜鸟驿站和 35000 万个快递公司网点接受了来自居民的纸箱和包装物的回收。

双十一购物节期间物流提速的原因有很多，如技术运维、商品推荐、客服、支付、物流等各个环节都引入了机器智能。数据中心机器人每天在机房巡逻，能接替运维人员以往 30%的重复性工作；人工智能（Artificial Intelligence，AI）调度官将数据中心资源分配率拉升到 90%以上；人工智能助手在双十一购物节当天承担了 95%的客服咨询；智慧货仓机器人单日可发货超过 100 万件；机器智能推荐系统双十一当天为用户生成超过 567 亿个不同的专属货架，就像智能导购员一样，给消费者"亿人亿面"的个性化推荐。

3. 地图导航案例

高德地图是由我国领先的数字地图内容、导航和位置服务解决方案提供商，拥有导航电子地图甲级测绘资质、测绘航空摄影甲级资质和互联网地图服务甲级测绘资质"三甲"资质的高德公司提供，其优质的电子地图数据库是公司的核心竞争力，如图 1-3 所示。

图 1-3 高德地图

（1）特色功能。高德地图具有领先的地图渲染技术（性能提升 10 倍，所占空间降低 80%，比传统地图软件节省流量超过 90%）、专业在线导航功能（截至 2018 年 10 月，高德地图已覆盖全国 360 多个城市、全国道路里程 820 万公里）、在线导航功能（最新高德在线导航引擎，全程语音指引提示，完善偏航判定和偏航重导功能）、AR 虚拟实景（结合手机摄像头和用户位置、方向等信息，将信息点以更直观的方式展现给用户）、丰富的出行查询功能（地名信息查询、分类信息查询、公交换乘、驾车路线规划、公交线路查询、位置收藏夹等丰富的基础地理信息查询工具），以及锁屏语音提示（在手机在锁屏状态下，仍然可以听到高德导航的语音提示）等特色功能。

（2）精确位置服务。移动互联时代，定位无处不在，绝大多数的移动应用所提供的产品服务都与位置有关。作为中国技术领先的地图位置服务（Location Based Services，LBS）提供商，高德地图开放平台拥有先进的数据融合技术和海量的数据处理能力。截至 2018 年 10 月，高德地图在国内拥有超过 7000 万活跃的位置点（Point of Interest，POI）数据，提供了全国 360 多个城市和所有高速公路的实时交通路况，并实现了分钟级更新。而且，高德地图还与 150 多个城市的交管部门、60 多个城市的政府或公交集团达成合作，共同为用户带来更权威的交通大数据和出行调度。

截至目前，包括滴滴出行、神州专车、首汽约车、曹操出行、美团单车和飞猪等众多出行服务商，采用高德地图开放平台的服务来支持其位置业务。高德地图作为国内最大的移动出行平台之一，累计用户已经超过 7 亿，平均每天为用户提供高达 3.4 亿次的出行路线规划。同时，高德地图开放平台已累计为市场超过 60%的外卖 App 提供地图和定位服务。此外，高德地图还为市场中超过 65%的社交软件提供精准定位及地理围栏服务。

（3）智能决策服务。高德观景台致力于为开放平台开发者提供基于位置数据的大数据分析服务，通过深度挖掘海量用户行为，协助开发者完成产品评估、定向运营推广等商业决策。2015 年 4 月，高德地图开放平台发布了"LBS+"开放平台战略，面向用车软件、线上到线下（Online To Offline，O2O）、智能硬件、公益环保等多行业推出整合"工具+数据+服务"的一体化 LBS 解决方案。高德的"LBS+"在 LBS 开发工具之上，整合了地图大数据和地图云计算，能够帮助合作伙伴进行自有数据管理、分析、预测，并基于此进行智能商业决策，更好地构建开放共赢的 LBS 生态。

（4）智能躲避拥堵。高德地图是国内首个提供实时路况信息和躲避拥堵服务的手机地图 App，高德公司作为国内一家同时拥有海量地图数据和交通信息大数据的互联网企业，在数据采集、生产、发布、再到用户反馈，已经形成了完整闭环。在车机生态，高德公司与国内几乎所有的主流汽车品牌都有合作，车辆导航市场占有率超过 80%。

基于 7 亿高德地图用户生成的海量数据，以及 80%以上的车辆导航数据，经实时交通后台汇总、处理后，高德地图不仅可以为用户提供实时路况信息查询，还可以根据信息在导航过程中实时调整路线规划，躲避拥堵路段，帮助用户尽快到达目的地。据高德地图抽样统计估算，使用高德地图躲避拥堵功能智能出行，可节省 15%～20%的时间成本。

1.1.2 Excel 与数据处理

Excel 是 Microsoft Office 办公软件中的重要组件之一，是世界上最流行的电子表格处理软件，被广泛运用于财务、行政、金融、经济、统计等众多领域。用户利用 Excel 可以处理日常生活、工作中的各种计算问题，如会计出纳可以用 Excel 完成数据报表、工资核算等数据处理与分析，商业销售可以用 Excel 进行销售统计，教师可以用 Excel 计算和分析考试成绩，证券人员可以用 Excel 预测股票走势等。总之，Excel 可以让用户摆脱乏味、重复、复杂的数据处理和统计，从而使用户有更多的精力处理其他工作事务。

Excel 不仅可以高效地完成各种数据表和数据图的设计，进行数据处理和分析，而且它还保持了 Office 一贯的工作界面和操作方法，易学易用。在数据处理方面，Excel 具有以下几个方面的优势。

1. 强大的计算能力

Excel 除了可以完成日常的数学计算外，它还可以进行文本、日期、逻辑等多种数据类型的数据计算。如通过对居民身份证号上的数据计算获取出生日期和性别，通过性别计算显示相应的称谓（如先生、女士），通过商品编号和商品名称的对应关系计算出商品名称和单价等。

2. 便捷的数据统计和分析

Excel 提供了便捷的数据统计和分析功能，通过简单操作就可以轻松完成数据的排序、筛选、分类汇总、数据透视表、图表分析等相关操作。如通过 Excel 图表功能绘制历年猪肉价格波动图，发现价格波动规律，做出市场预测。根据分析会员消费记录，合理制定促销活动方案，促进商品销售。设置商品数量预警，在出现商品库存不足时及时预警补货等。

3. 智能分类计算

使用 Excel 中的逻辑判断函数（如 If 函数、Iferror 函数等）和查找函数（如 Lookup 函数、Vlookup 函数等），实现数据智能判断分类，进而降低人工判断误操作概率，从而提高工作效率。如学生考试成绩小于 60 时显示补考提醒，根据销售员销售金额计算阶梯式业务提成，根据员工工资情况计算个人所得税等。

1.1.3 常见数据类型

Excel 支持多种数据类型数据，如字符型、数值型、日期时间型和逻辑型等。一般情况下，Excel 会根据用户录入的数据内容自动判断。如录入"12.00"时判断为数值型，默认按右对齐格式显示。当录入"China"时，则判断为字符型数据，默认按左对齐格式显示。

1. 字符型

字符型也称为文本型，由汉字、英文字母、空格等字符组成，是 Excel 常见数据类型之一。默认情况下，字符型数据在单元格内按左对齐显示。当录入的字符数据长度超过单元格宽度时，如果右侧单元格没有数据，那么该字符数据会向右延伸，占据右侧单元格；如右侧单元格有数据时，则超出单元格宽度的字符型数据会被隐藏，调整单元格宽度时会恢复显示。

在单元格中录入由上述字符组成的数据时，Excel 会自动识别为字符型数据。而面对日常生活中由纯数字组成的字符时（如电话号码、学号、银行账户等，这些数据的特点是可以用来进行文本运算，但不能进行算术运算），为了避免 Excel 把其识别为数值型数据，用户在录入这类数据时，可以先输入一个英文的单引号，再输入数据。如要输入电话号码"037186176060"时，则要转换为"'037186176060"。另外，用户也可以通过设置单元格格式为文本来实现数据录入。

> **小技巧**：在单元格内输入字符型数据长度超过单元格宽度时，用户可以使用组合键 Alt+Enter 强制单元格内数据换行；也可以通过"设置单元格格式"中的"对齐"方式，勾选文本控制中的"自动换行"复选框来实现。

2. 数值型

数值型是指所有代表数量的数据形式，通常由数字 0~9、正号（+）、负号（-）、小数点（.）、百分号（%）、千分位分隔符（,）、货币符号（¥、$）、指数符号（E 或 e）、分数符号（/）等组成，有效数字为 15 位。数值型数据可以进行加、减、乘、除等数学运算。默认情况下，数值型数据在单元格中按右对齐格式显示。

除了常见格式的数值型数据录入，科学计数按照"<整数或实数>e<整数>"或者"<整数或实数>E<整数>"格式输入，其中"e"或"E"表示以 10 为底数的指数。如"2.58e6"表示为 $2.58×10^6$。默认录入分数会显示为日期，如"1/6"显示为"1月6日"，当确实要输入分数"1/6"时，则需要先输入 0 和空格，然后再输入分数 1/6。

> **小技巧**：为了规范单元格内数值型数据的显示细节，用户可以通过使用组合键 Ctrl+1 打开"设置单元格格式"对话框，对"数字"选项卡中的数值型数据的"小数位数"和"使用千分位分隔符"等进行详细设置。

3. 日期时间型

在 Excel 中，日期时间型数据是一种特殊的数值，在系统存储时日期存储为数字序列号，时间存储为小数。默认情况下，Excel 约定 1900 年 1 月 1 日为序号 1（系统的第一天）。将日期数据"2018 年 3 月 20 日"设置为数值格式时，显示为"43179"，即 2018 年 3 月 20 日距离 1900 年 1 月 1 日有 43179 天。日期型数据是可以进行数学减运算的，两个日期相减可得到两个日期之间相差的天数。

日期时间型数据录入时，日期中的年月日之间要用"/"或者"-"隔开（如"2018/3/20"或"2018-3-20"），时间上的时分秒之间用":"隔开（如"13:20:26"），日期和时间之间要用空格隔开（如"2018-3-20 13:20:26"）。

> **小技巧**：Excel 为了进一步提高数据录入速度，用户可以通过使用组合键 Ctrl+;输入系统日期，使用组合键 Ctrl+Shift+;输入系统时间。先使用组合键 Ctrl+;输入日期，随后输入空格，再使用组合键 Ctrl+Shift+;即可输入系统日期和时间。

4. 逻辑型

在 Excel 中，逻辑型数据用于表示逻辑关系是否成立，包含逻辑真 TRUE 和逻辑假 FALSE。使用逻辑型数据时，用户可以直接输入 TRUE 或 FALSE，也可以利用公式计算的结果来获取。如在单元格内输入"=3>8"，计算结果为 FALSE。

在 Excel 中涉及数值型数据和逻辑型数据进行运算时，数值型数据 0 被视为逻辑假 FALSE，非 0 的数值型数据都被视为 TRUE，进而参与逻辑型数据运算。如"And（100,0）"结果为 FALSE，"And（100,1）"结果为 TRUE。

1.2 数 据 录 入

数据录入是数据处理的前提，是一项烦琐的基础性工作。尤其是要录入的数据任务量重、重复数据多，表格的行列数大的情况，数据录入工作枯燥乏味，很容易出错。Excel除了具备基本的复制、粘贴功能外，还专门设计了数据自动填充、自动更正和数据有效性验证等功能，从而提高数据录入效率，降低录入的出错概率。

1.2.1 基础数据录入

对于基础的数据录入，用户完全可以参照常规数据录入的方法来完成，几乎没有什么困难。Excel 也会根据用户录入的内容，判断数据类型，按照默认的格式进行显示。当单元格数据显示为"########"时，表明该单元格宽度不够，用户可以通过调整单元格的宽度来显示数据。

1. 常规录入

一般情况下，用户在选中单元格后，直接就可以录入相应的内容，然后按 Enter 键来完成。若当前单元格已保存有数据时，用户可以双击单元格，将光标定位到单元格内进行编辑。同时，用户也可以选中单元格，然后在编辑栏内进行编辑。

在 Excel 中，同样可以使用复制（Ctrl+C）、剪切（Ctrl+X）和粘贴（Ctrl+V）等组合键，且同样支持用鼠标（或结合 Ctrl 键）拖曳，来完成单元格的移动（或复制）操作。

为了更方便定位光标的位置，默认情况下，Excel 按 Enter 键会完成数据录入，并会将光标移动到下面一个单元格。按 Tab 键可以结束当前单元格数据输入，并将光标向右移动一个单元格。按组合键 Ctrl+↑，光标移动到活动单元格所在列的最上边。按组合键 Ctrl+↓，光标移动到活动单元格所在列的最下边。按组合键 Ctrl+←，光标移动到活动单元格所在行的最左边。按组合键 Ctrl+→，光标移动到活动单元格所在行的最右边。按组合键 Ctrl+Home，光标移动到表格的左上方第一个单元格。按组合键 Ctrl+End，移动到表格的右下方最后一个单元格。

2. 自动填充

为了进一步提高数据录入效率，Excel 针对同行（或同列）多个单元格输入相同或有规律的数据（如等差数列、计算公式等）时，可以使用填充柄来辅助完成。

首先，在目标单元格区域的第一个单元格内录入数据，然后选择该单元格，用鼠标左键在填充柄上按下，沿着目标单元格方向拖曳，并留意观察鼠标右下方的提示标签显示内容。标签显示内容为当前情况下松开鼠标后单元格要填充的数据。如果该标签内容是想要的结果，就可以松开鼠标左键完成数据录入。如果标签内容显示的不是预期内容，用户则可以拖曳鼠标的同时按下 Ctrl 键，沿着目标单元格方向拖曳，再松开鼠标即可。

除了可以使用鼠标左键拖曳填充柄完成自动填充数据外，用户还可以使用双击填充柄，或者使用右键拖曳填充柄，然后在松开鼠标时，选择相应的快捷菜单命令来完成。同时，针对列自动填充数据时，当目标列的左右相邻列有数据时，用户可以双击填充柄来完成目标列的数据填充。

默认情况下，Excel 自动填充产生的是步长为 1 的等差数列。当用户需要其他步长的数值序列时，可以分别在目标单元格的第一、二个单元格内输入数值，然后选择这两个单元格，拖曳其填充柄来完成其他步长的等差数列填充。

Excel 除了可以完成已有序列的自动填充外，还支持用户自定义填充序列，进而完成更为特殊的数据序列填充。用户可以通过依次执行"文件"→"选项"→"高级"→"编辑自定义列表"按钮命令，打开"自定义序列"对话框，如图 1-4 所示。在右侧"输入序列"文本框中依次输入相应的序列，单击"添加"按钮完成用户自定义序列的添加。

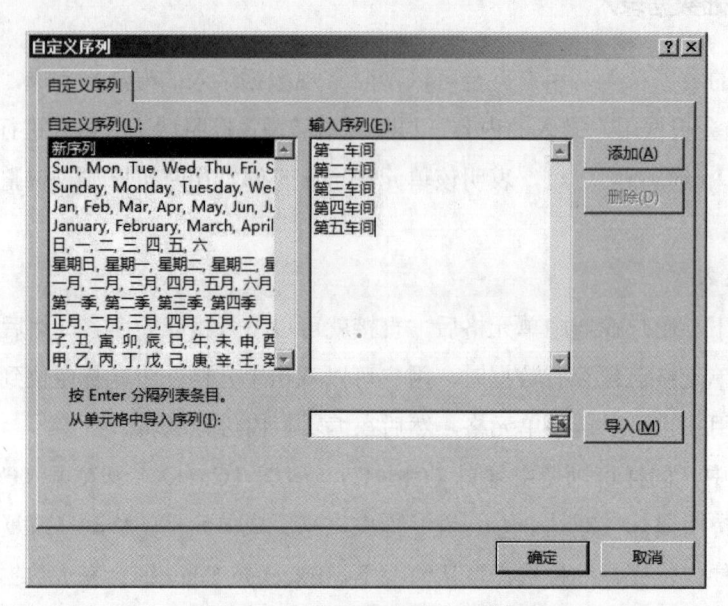

图 1-4 "自定义序列"对话框

> **小技巧**　当需要在位于不同行（或者不同列）的多个单元格录入相同数据时，用户可以结合 Ctrl 键选择多个单元格，然后输入数据，并按组合键 Ctrl+Enter 完成多个选中单元格的数据输入。

1.2.2 常用操作

Excel 在对工作表提供新建、删除、重命名、隐藏等操作的基础上，还提供了简单好用的单元格复制、移动、转置、粘贴计算、分列等高级操作，掌握它们是熟练使用 Excel 的基础。

1. 工作表基础操作

Excel 作为 Office 办公软件的重要组成部分，也像其他软件一样设置了很多人性化的设置，用户可以通过右击工作表标签，进而在弹出的快捷菜单命令中，快速完成工作表的插入、删除、重命名、复制或移动，以及工作表隐藏、取消隐藏等操作。

除了上述右击使用快捷菜单命令操作以外，Excel 还有很多方便、快捷的操作方法完成类似操作。如结合 Ctrl 键拖曳工作表标签，可以完成工作表复制；双击工作表标签，可以为工作表重命名等。

2. 选择性粘贴

在 Excel 中，如果复制的单元格内容是数据常量，而非公式、函数时，到目标单元格粘贴的就是源数据。而如果复制的单元格内是公式或函数时，则默认粘贴到目标单元格的是公式或函数，而不再是源单元格的数据。如何才能更好掌握复制、粘贴操作，这则需要使用选择性粘贴功能。

用户完成单元格复制操作以后，然后在选中的目标区域右击，选中快捷菜单中的"选择性粘贴"命令，打开"选择性粘贴"对话框，如图1-5所示。在该对话框中，用户可以选择要在目标区域粘贴的结果，如粘贴公式、数值和格式等。除了这些可以直观理解的选项外，它还支持运算粘贴和转置粘贴等功能。

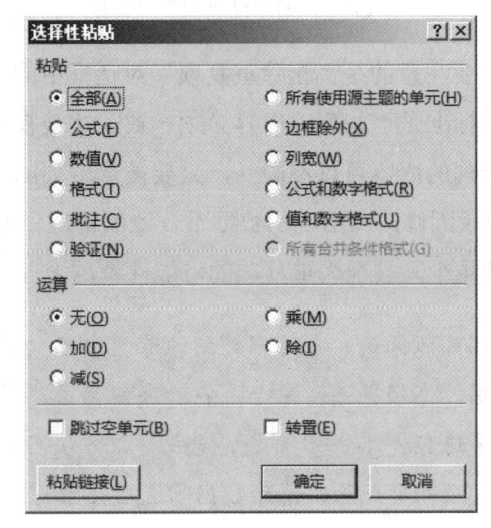

图1-5　"选择性粘贴"对话框

运算粘贴是指将复制的源单元格数值，对要进行粘贴的目标单元格区域内的单元格数值进行相应的运算，将运算结果保存到目标单元格区域。如A1、A2、A3分别存储着10、20、30，现对存储有数值5的单元格C1进行复制，然后选中A1:A3，执行选择性粘贴中的"乘运算"，单击"确定"按钮，则A1、A2、A3存储的值依次为50、100、150。

转置粘贴是将复制的源区域行列互换，转换为目标区域的单元格。如A1、A2、A3分别存储着10、20、30，对其进行复制操作。然后在选中单元格B1执行"转置粘贴"命令，则粘贴的结果会显示在B1:D1区域，B1、C1、D1单元格分别存储10、20、30。

3. 删除重复项

数据重复项指的是表格中具有完全相同的2行（或多行）记录，即记录在表格中被重复录入的数据。出现这种情况后，容易造成数据重复和数据不一致，从而引发不必要的错误和麻烦。

想要删除数据重复项，首先，先将活动单元格定位到数据表格内任一位置，然后执行"数据"→"删除重复项"命令，打开"删除重复项"对话框，如图1-6所示。用户根据表格情况，选择是否包含标题和相应的列。然后单击"确定"按钮，此时会出现删除重复项提示，单击"确定"按钮，就可以得到删除重复项后的数据表格。被删除的记录行会被下方数据行填补，但不影响表格以外的其他区域。

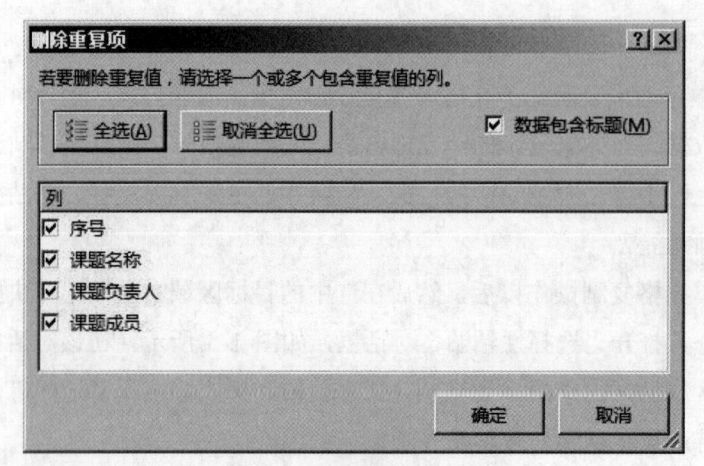

图 1-6 "删除重复项"对话框

上述操作过程中，需要注意的是"删除重复项"对话框中的数据列的选择。被选中的表格列标题，表示重复项标准是这些列的内容必须一致，才被视为重复。而未被选中的列标题，表示除了未被选择列的内容可以不同外，只要被选中列的内容一致，就可以视为重复项，从而避免已重复记录因修改而出现的数据不一致的情况。也就是说在"删除重复项"对话框中，列标题选择的越少，被视为重复项的可能性就越大。

> **小技巧** 使用数据高级筛选，也可以达到删除重复项的类似效果。选择数据表格后，执行数据"高级筛选"命令，在"高级筛选"对话框中勾选"选择不重复的记录"复选框，单击"确定"完成。该方法与删除重复项略有不同，它是隐藏了重复项而非删除，清除数据筛选后记录还会恢复显示。

4. 分列

Excel 为用户提供了专门用于分割单元格文本数据的功能，这就是"分列"。用户借助于分列功能能够快速地将已有单元格数据按照指定宽度（或者指定分隔符）进行单元格分割，从而达到数据提取的目的，如用户可以对身份证号码指定宽度提取出生日期。分列功能能在一定程度上可以取代 Left、Mid 和 Right 字符串截取函数使用，即在不借用公式函数的基础上完成数据提取，是一个非常实用的功能。

首先，选择要进行转换的单元格或单元格区域。然后，执行"数据"→"数据工具"→"分列"命令，打开"文本分列向导"对话框。用户根据原始数据类型情况，选择使用"分隔符号"或"固定宽度"两种方法进行分列。如身份证号提取生日可以使用"固定宽度"，而例如带区号的固定电话号码（如"0371-86176966"和"021-86256586"）则更适合于"分隔符号"。

如果是身份证号提取出生日期的话，用户可以选中"固定宽度"选项，然后单击"下一步"按钮设置截取宽度，如图 1-7 所示。

如果是带有区号的电话号码提取的话，用户可以选中"分隔符号"作为分列依据，然后通过设置分隔符来完成数据提取，如图 1-8 所示。

设置完分列宽度或分隔符号后，单击"下一步"按钮进行具体分列的详细设置（如"列数据格式"等），最终得到分列结果。

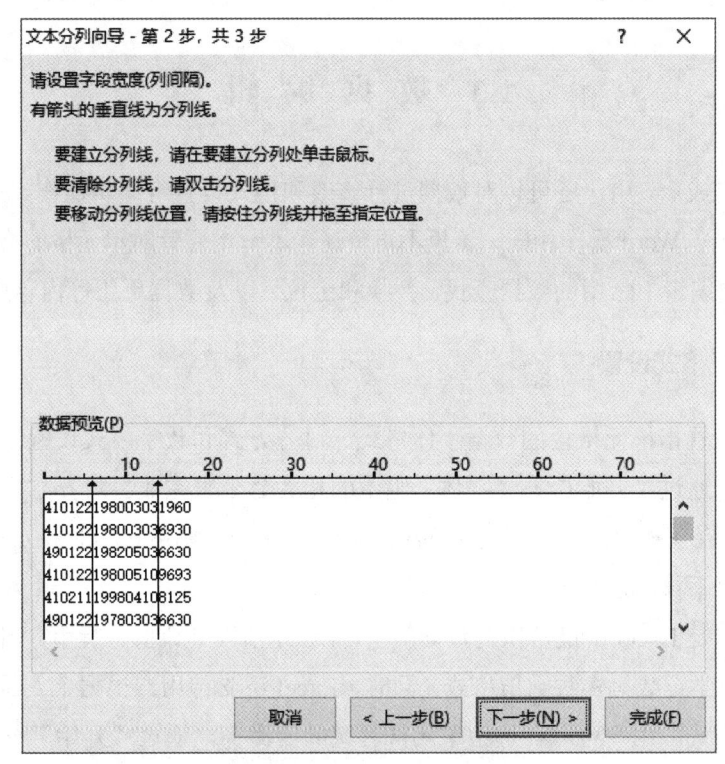

图 1-7 使用"固定宽度"分列

图 1-8 使用"分隔符号"分列

分列操作的关键在于观察原始数据的结构特点,当原始数据有长度规律时,就优先考虑使用"固定宽度"分列。当原始数据的分隔符有规律时,则优先考虑使用"分隔符号"分列。同时,考虑到分列操作和字符提取函数在功能上有雷同之处,用户还可以灵活结合使用。

1.3 数据编辑

数据录入完成后，用户还可以对数据进行修改和格式设置等编辑操作。Excel 单元格内的字体格式设置与 Word 操作相同，这里不再赘述。本节主要针对单元格的格式设置进行讲解，同时就数据编辑中常用的数据查找、替换和定位，以及数据更正等内容进行逐一介绍。

1.3.1 数据格式设置

数据格式设置指单元格内的数据字体格式、对齐方式和数字格式设置三种。其中，字体格式设置可以通过"开始"→"字体"组中的相关命令来完成。对齐方式设置方法与之类似，对应"开始"→"对齐方式"组中的相关命令。由于字体格式和对齐方式设置与 Word 操作类同，这里不再赘述。

数值型数据是 Excel 中最常用的数据类型，Excel 预设了数值、货币、日期、时间、百分比、分数和科学记数等多种数值格式。同时，Excel 还支持用户根据个人需要，自定义更为丰富的数字格式。用户可以在选中单元格区域的前提下，通过"开始"→"数字"组中的相关命令，来完成常见的数字格式设置，如数字格式、货币样式、百分比样式、千分位分隔符和小数位数等。当需要更为详尽的数字格式设置时，用户可以单击"数字"组右下角的对话框启动按钮，打开"设置单元格格式"对话框，如图 1-9 所示。

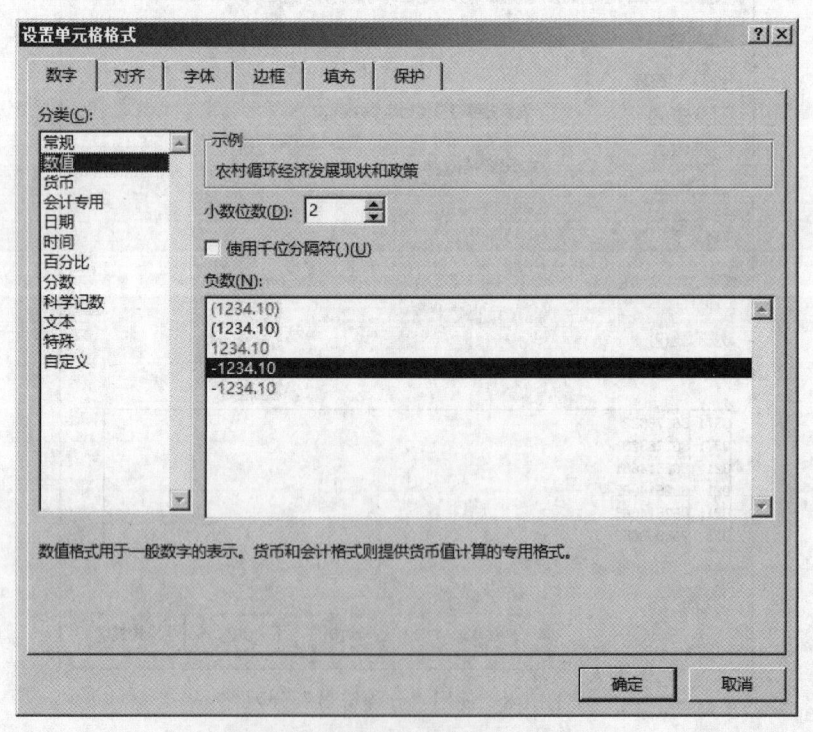

图 1-9 "设置单元格格式"对话框

自定义单元格格式，是指用一些格式符号来描述数据的显示格式。如符号"0"，代表数字预留位，当设置单元格自定义格式为"0000-00000000"时，用户输入"3718617060"则显示为"0371-8617060"；符号"#"，代表有意义的数字预留位；符号"，"，代表千分位分隔符。当设置单元格自定义格式为"###,###"时，用户输入"012356"则显示为"12,356"（数字用"0"开头无意义，所以被忽略）。

> **小技巧** 除了通过"开始"→"数字"组打开"设置单元格格式"对话框以外，用户也可以右击单元格，选择快捷菜单中的"设置单元格格式"命令，或者按组合键 Ctrl+1 来打开该对话框。

1.3.2 查找、替换和定位

在 Excel 中，用户可以使用查找功能，轻松地在大量数据中查找到目标数据。利用替换功能，则可以将指定数据完全替换为目标数据，不需要浪费过多精力和时间，并且能够保证替换毫无遗漏。

1. 查找和替换

进行查找和替换操作之前，要确定查找的范围。如果要查找整个工作表，只需要将光标定位到工作表中任一单元格。如果要在指定一个区域进行查找，则需要选择该相应的单元格区域。然后执行"开始"→"编辑"→"查找和选择"→"查找"命令，从而打开"查找和替换"对话框的"查找"选项卡。在"查找内容"中输入要查找的内容，单击"查找全部"或"查找下一个"按钮即可。

替换的操作方法与查找类似，也是先选择查找范围，然后执行"开始"→"编辑"→"查找和选择"→"替换"命令，打开"查找和替换"对话框的"替换"选项卡，如图 1-10 所示。分别在"查找内容"和"替换为"输入要被替换的内容和新内容，然后单击"全部替换"按钮来全部替换。或者配合使用"替换"和"查找下一个"两个按钮，来逐个替换。

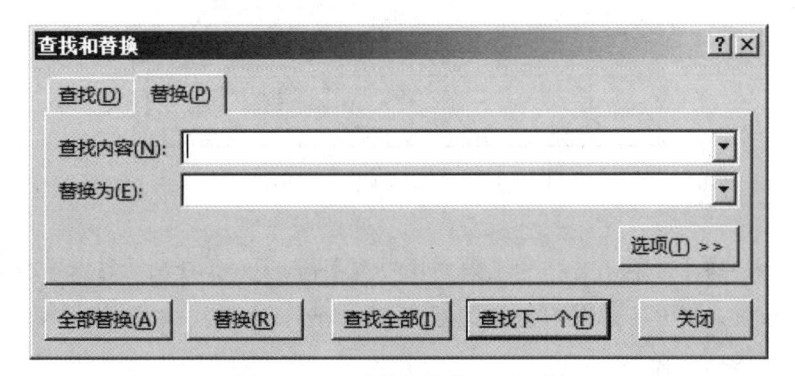

图 1-10 "查找和替换"对话框

Excel 不但可以精确查找（或替换），还支持用户使用通配符进行模糊查找。Excel 提供了"*"和"?"2个通配符，分别代替任意多个字符和单个字符。如要查找包含"数据处理"的数据，可以使用"*数据处理*"；要查找姓"李"的数据，可以使用"李*"；而如果使用"李?"，则要查找的姓名是由2个字组成的姓"李"的数据（如"李四"）。如果要查找的数据本身就包含"*"和"?"时，这里它们并不是通配符，则需要在该字符前加"~"符号，如查找"~*号"，则可以找到包含"*号"的数据记录。而相对的查找"*号"，则可以找到所有包含"号"的数据，查找范围要大很多。

2. 定位条件

用户可以使用查找和替换功能，完成数据的精确查找和模糊查找。但对于未录入数据的单元格来查找往往显得力不从心，Excel 又为用户提供了功能强大的定位条件功能，能够快速帮用户查找定位到空值单元格、引用单元格、行列内容差异单元格等。

定位条件功能中，定位"空值"单元格最为常用。如填写考勤表时，可以先将为数不多的缺勤单元格输入，然后选择整个表格区域，执行"开始"→"编辑"→"查找和选择"→"定位条件"命令，打开"定位条件"对话框，如图 1-11 所示。在"选择"项目中选中"空值"，单击"确定"按钮，即可将表格中的全部空值单元格选中。然后输入"出勤"，按组合键 Ctrl+Enter 完成操作。类似的应用还有学生信息表中的民族列，由于多数学生都是汉族，用户完全可以先把少数民族信息录入，然后利用定位条件功能选择空值单元格，输入"汉族"，按组合键 Ctrl+Enter 完成操作。

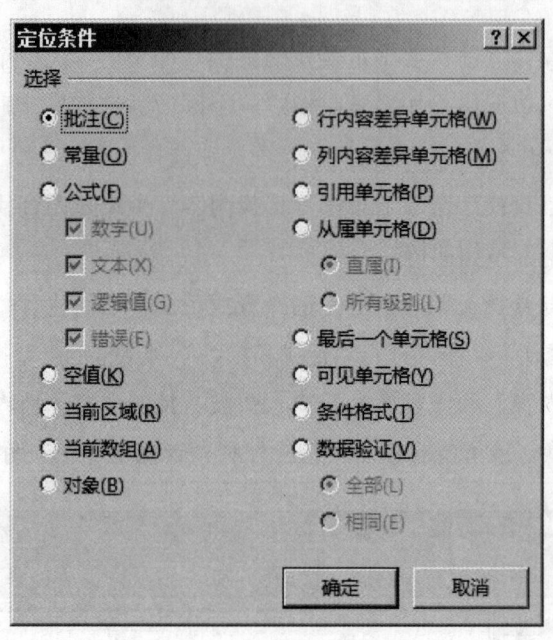

图 1-11 "定位条件"对话框

> **小技巧**　由于查找、替换和定位的使用频率高，Excel 分别为这三个操作设置了组合键，用户可以使用组合键 Ctrl+F、Ctrl+H 和 Ctrl+G 进行查找、替换和定位功能的操作。

1.3.3 数据更正

用户在录入数据的过程中，出现录入错误在所难免，用户只需要选中单元格进行修改更正即可。除了上述这种常见数据更正操作外，Excel 还提供了自动更正功能，它不仅能够识别输入错误，还可以在输入时自动更正错误。它的工作实质与前面介绍的查找替换功能操作结果类似，它是将查找替换两种功能合二为一，并且能够自动执行。

用户可以利用该功能作为辅助输入手段，来更加准确、快速地录入数据，提高效率。比如定义一个不常用的字符或者英文缩写（如"[PS]"），让 Excel 自动更正为所需的字符

（如"Adobe Photoshop 软件"）。也就是说当用户输入"[PS]"后，Excel 会自动将其修改为 "Adobe Photoshop 软件"。具体操作方法是执行"文件"→"选项"命令，打开"Excel 选项"对话框，单击左侧导航区的"校对"选项后，在右侧窗口单击"自动更正选项"按钮，打开"自动更正"对话框，如图 1-12 所示。在"替换"和"为"文本框中分别输入"[PS]"和"Adobe Photoshop 软件"，单击"添加"按钮即可。

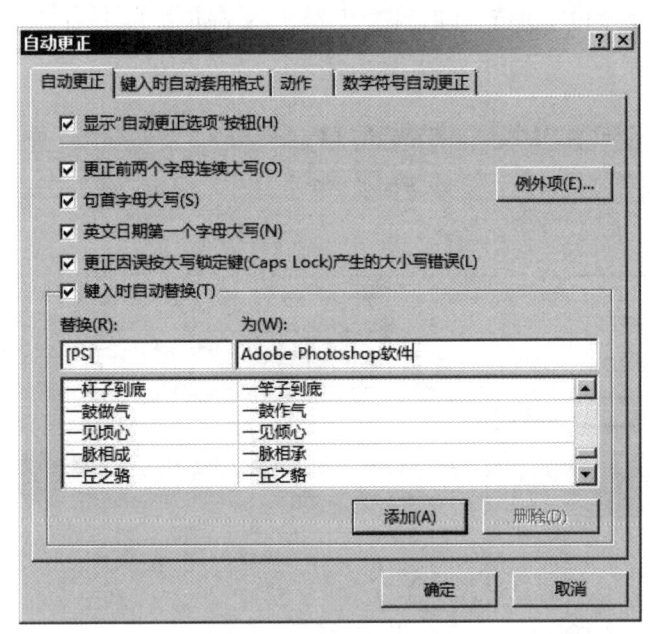

图 1-12 "自动更正"对话框

1.4 表格格式设置

众所周知，Excel 工作表的主要功能在于数据处理，但对表格的外观格式也不容忽视。表格的格式设置不同于单元格里的数据格式，它指的是表格的行高、列宽、边框、底纹等外观格式设置。

1.4.1 行高和列宽调整

行高和列宽的调整，属于 Excel 表格的基础操作，两者操作方法类似。用户可以通过拖曳行（或列）之间的分割线，或者右击行（或列）执行"行高"（或"列宽"）快捷菜单命令，或者执行"开始"→"单元格"→"格式"→"行高"（或"列宽"）命令，来完成行高（或列宽）的调整。

除了上述操作外，Excel 还支持双击行列分割线，让 Excel 来根据单元格内容自动调整行高和列宽。在众多方法中，拖曳分割线的方法最为直观便捷，通过快捷菜单命令方法最为精确，用户可以根据使用场景自行选择。

1.4.2 边框和填充色设置

默认情况下，Excel 工作表显示有浅灰色的网格线，但它只是辅助用户操作的设置，文件打印时并不显示。如果用户要打印的表格有边框线和背景颜色，就需要对表格的边框和填充色进行设置。

用户可以在选择表格区域后，执行"开始"→"字体"→"边框"选项所对应的边框样式命令，对表格边框进行设置。也可以执行"边框"选项中的"其他边框"命令，打开"设置单元格格式"对话框的"边框"选项卡，如图1-13所示。在该窗口中对表格的边框样式、颜色、边框线分布等进行详细设置。另外，Excel还提供了手工绘制边框的功能，但考虑到工作效率问题，不提倡用户使用该方法。

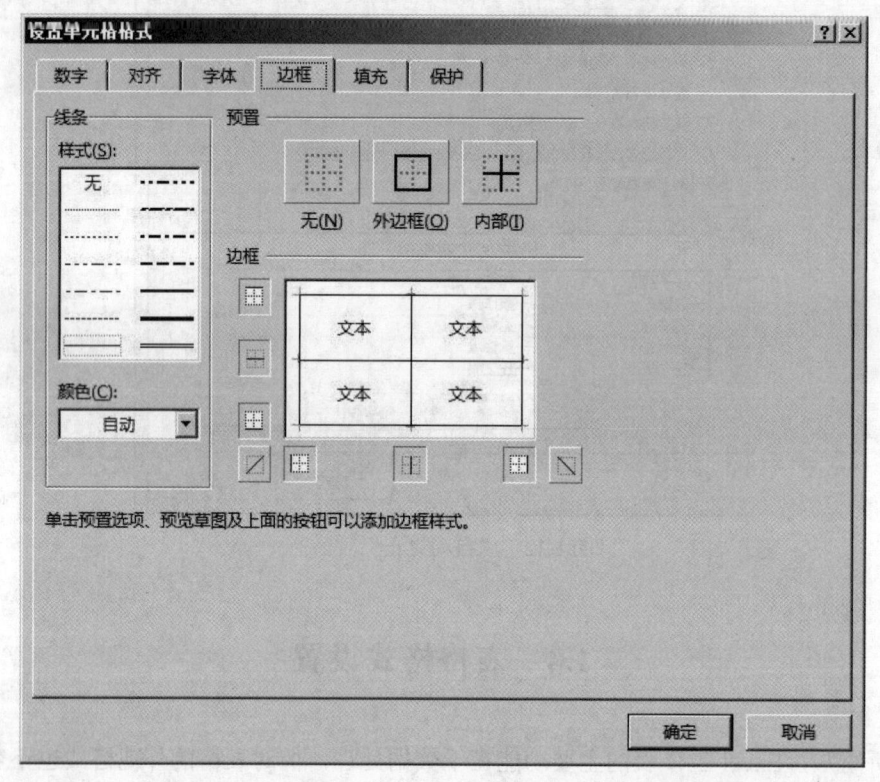

图1-13 "设置单元格格式"对话框的"边框"选项卡

对表格底纹的设置方法与上述边框设置方法类似，用户可以在选择表格区域后，执行"开始"→"字体"→"填充颜色"选项中的颜色命令进行设置。同时，由于表格边框和底纹设置都包含于"设置单元格格式"对话框，用户除了使用上述操作方法外，也可以通过使用组合键 **Ctrl+1** 打开"设置单元格格式"对话框，进而切换到"边框"和"填充"选项卡来完成相关操作。

> 小技巧　对多个单元格格式进行相同设置时，用户可以使用格式刷功能来提高效率。首先设置一个单元格格式，然后选中该单元格，双击"开始"→"剪贴板"→"格式刷"按钮，依次选中多个目标单元格即可完成。

1.4.3　表格格式套用

为了简化单元格格式设置，Excel提供了一系列常用的表格样式，用户可以将这些预设样式套用到选定表格区域，从而高效地完成表格的外观设置。

首先，用户选择要设置的表格区域，然后选择"开始"→"样式"→"套用表格格式"下拉列表中的某种表格样式，此时系统会弹出"套用表格式"对话框，如图1-14所示。用户根据实际情况，勾选（或取消勾选）"表包含标题"复选框，然后单击"确定"按钮，即可将指定的表格样式运用到选择区域。

图1-14 "套用表格式"对话框

选择区域套用表格格式时，系统耗费的时间往往和用户选择的数据区域大小有关，即用户选择区域越大，套用表格格式的时间就会越长。当用户针对整个工作表（包括数据区域和空白表格区域的整个工作表）套用表格格式时，甚至会出现软件瘫痪的情况，因此提醒用户慎重操作。

表格格式套用完成后，该表格区域也随之转换为列表。列表和普通表格区域有着明显区别，如列表的标题上会有"筛选"按钮，用户可以通过它来筛选记录（该部分知识会在后续章节介绍）。另外，列表还被定义了名称。为了便于用户理解和使用，Excel允许将列表转换为普通区域。用户可以选中列表内任一单元格，然后执行"表设计"→"工具"→"转换为区域"命令，并在弹出的确认对话框中单击"确定"按钮，即可完成转换操作。

> **小技巧** 用户处理完数据，往往会给工作表添加表头，即选中表格第一行若干个单元格，然后执行"开始"→"对齐方式"→"合并后居中"命令。需要提醒的是"合并"是对有限个单元格的操作，不能针对整行或整列。同时，合并单元格在一定程度上不利于数据处理和分析，建议放到最后来操作。

1.5 本章习题

一、判断题

1. 在Excel默认状态下，如果输入的内容是0123，则按Enter键后，单元格的内容是123。（   ）

2. 在Excel中，如果把一串阿拉伯数字作为字符而不是数值输入，应当在数字前面加双引号。（   ）

3. 当设置单元格自定义格式为"0000-0000000"时，用户输入"3716877066"则显示为"0371-6877066"。（   ）

4. 在 Excel 中，按组合键 Ctrl+Enter，能在所选的多个单元格中输入相同的数据。
（   ）

5. 在 Excel 中，在单元格中输入文字时，默认的对齐方式是右对齐。（   ）

二、选择题

1. 在 Excel 的单元格内输入日期时，年、月、日分隔符可以是（不包括引号）（   ）。
   A. "/" 或 "-"   B. "/" 或 "\"
   C. "." 或 "|"   D. "\" 或 " "

2. 在 Excel 中，下面的输入能直接显示产生分数 1/4 数据的输入方法是（   ）。
   A. 0.25   B. 1/4   C. 0°1/4   D. 2/8

3. 在 Excel 单元格中，数值 1.234E+5 与（   ）相等。
   A. 1.23405   B. 1.2345   C. 6.234   D. 123400

4. 如果要在 Excel 工作表单元格中输入字符型数据 00231，下列输入中正确的是（   ）。
   A. "00231"   B. =00231   C. '00231   D. 00231

5. Excel 中默认的数值格式为（   ）。
   A. 左对齐   B. 右对齐   C. 居中   D. 不确定

6. 用户可以使用组合键（   ），实现 Excel 单元格内数据强行换行。
   A. Ctrl+Enter   B. Shift+Enter
   C. Alt+Enter   D. Enter

7. 在 Excel 中，关于列宽的描述，不正确的是（   ）。
   A. 可以用多种方法改变列宽
   B. 同一列中不同单元格的宽度可以不一样
   C. 列宽可以调整
   D. 不同列的列宽可以不一样

8. 在 Excel 中，使用组合键（   ）可以快速输入当前日期。
   A. Ctrl+;   B. Ctrl+Shift+;
   C. Shift+;   D. Alt+;

9. 在 Excel 中，关于"选择性粘贴"叙述错误的是（   ）。
   A. "选择性粘贴"可以只粘贴格式
   B. "选择性粘贴"可以只粘贴公式
   C. "选择性粘贴"只能粘贴数值型数据
   D. "选择性粘贴"可以将数据源的排列旋转 90°，即"转置"粘贴

10. 在 Excel 中，使用组合键（   ）可以打开"替换"对话框。
    A. Ctrl+F   B. Ctrl+H   C. Ctrl+G   D. Ctrl+1

11. 以下说法不正确的是（   ）。
    A. 使用选择性粘贴中的转置命令，可以实现复制区域的行和列互换

B．使用删除重复项功能，可以实现选中区域对应列中重复数据的清除

C．使用通用表格格式后，仅选中区域的单元格格式发生了改变，其他保持原样

D．使用数据验证（或数据有效性）功能，可以有效限制单元格输入数据内容

12．在 Excel 工作表中，如要选取若干个不连续的单元格，可以（　　）。

　　A．按住 Shift 键，依次单击所选单元格

　　B．按住 Ctrl 键，依次单击所选单元格

　　C．按住 Alt 键，依次单击所选单元格

　　D．按住 Tab 键，依次单击所选单元格

13．插入系统当前时间的组合键是（　　）。

　　A．Ctrl+T　　　　　　　　　　B．Ctrl+;

　　C．Ctrl+Shift+;　　　　　　　　D．Ctrl+Shift+T

三、思考题

1．Excel 表格与 Word 表格的主要区别是什么？各自的优势是什么？

2．如何使用替换功能，帮助老师提高试卷出题效率？

3．为班级制作一张"学生信息表"，收集学号、姓名、性别、民族、专业、联系电话等信息，如何使用 Excel 提高工作效率？

第 2 章 公式的使用

Excel 电子表格软件最为强大的功能在于数据计算与分析,而公式和函数是数据计算与分析的基础。这里的数据计算不单包含了数值型数据的加、减、乘、除运算,还涵盖字符型、日期时间型和逻辑型数据的各类运算。数据计算将为后期的数据分析奠定基础,是数据分析的前提。本章将讲解 Excel 公式基础、运算符、相对引用、绝对引用、混合引用和外部引用,以及公式调试等相关知识。

知识目标

- 理解公式的概念和组成。
- 理解各种运算符的含义和其运算优先级。
- 理解相对引用、绝对引用、混合引用和外部引用的含义和作用。
- 了解公式调试中各种错误提示的含义和外部引用。

能力目标

- 掌握公式的输入和编辑方法。
- 掌握括号运算符的使用方法。
- 掌握相对引用、绝对引用、混合引用和外部引用的使用方法。
- 掌握公式调试的使用方法和技巧。

思维导图

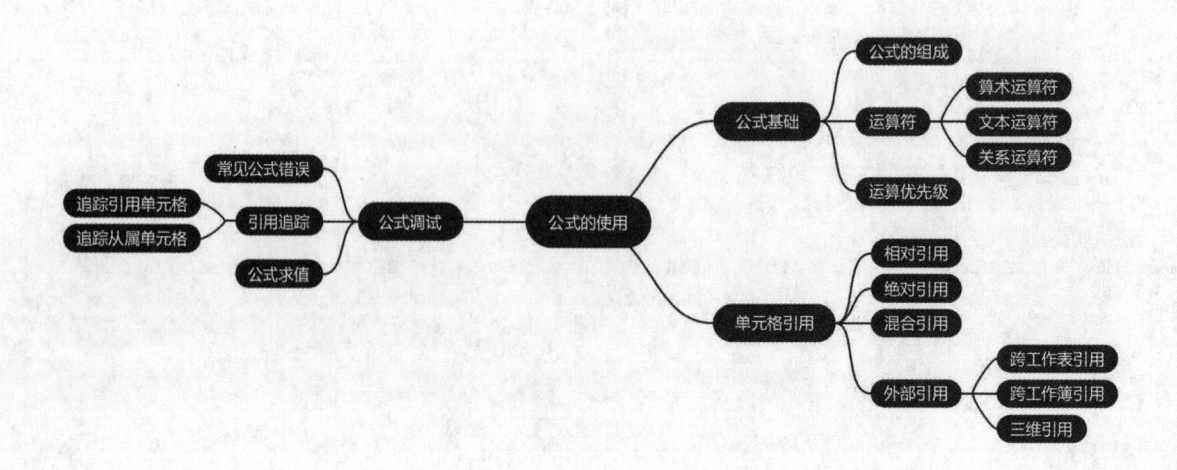

2.1 公式基础

在 Excel 中，公式是数据计算和分析的基础之一，合理使用公式可以有效减少表格字段，简化数据录入，进而减少由数据录入引起的误操作和数据的不一致，降低错误概率，从而提高工作效率。

2.1.1 公式的组成

公式是以"="开头，通过各种运算符将数据常量、单元格引用、区域名称和函数等数据对象，按照一定顺序连接而形成的表达式，用于完成各种数据运算，如算术运算、逻辑关系运算和文本运算等。

公式中的数据常量，是指由人工录入的固定不变的数据。如数值 510、字符"China"和日期"2020 年 5 月 4 日"等。单元格引用指的是对工作表中某个单元格（或单元格区域）地址的引用，如单元格 B8（B 列第 8 行单元格）、数据区域 B1:B10（从 B1 到 B10 这个范围的 10 个单元格）。区域名称是由用户为特定单元格（或单元格区域）定义的名称，如定义名称 B1:B10 区域为"gongzi"，那么公式"=Average(gongzi)"就等同于"=Average(B1:B10)"。

同时，为了进一步方便表格数据计算，Excel 向用户提供了许多内置函数。在调用这些函数时，用户只需要给出函数名和相应的参数，就可以借助于函数完成计算。如公式"=Sum(B1:B10)"表示对数据区域 B1:B10 进行求和运算，"=Average(B1:B10)"表示对数据区域 B1:B10 进行求平均值运算。

运算符是公式中用于连接计算对象的符号，如数值加"+"、数值减"-"、字符串连接运算符"&"等。

2.1.2 运算符

在 Excel 中，数据运算符是公式不可或缺组成部分，主要包括算术运算符、文本运算符和关系运算符等。

1. 算术运算符

算术运算符是用户最为常见的运算符，用于完成各种数学运算，运算结果为数值型数据。如加"+"、减"-"、乘"*"、除"/"、乘方"^"和百分比"%"等。例如，录入公式"=10%"的结果是 0.1，录入公式"=3^2"结果是 9。

2. 文本运算符

文本运算符是针对字符型数据进行的运算，运算结果为字符型数据。Excel 中仅有一个字符串连接运算符"&"，用于将两个字符型数据首尾相连。如录入公式"="Hello,"&"China""得到的结果就是"Hello,China"，注意字符型数据需要使用双引号标识。

3. 关系运算符

关系运算符是用于实现数据对象逻辑比较的运算，即比较数据对象的大小关系，运算结果为逻辑型数据（TRUE 或 FALSE）。关系运算符包括大于">"、大于等于">="、小于

"<"、小于等于"<="、不等于"<>"和等于"="6种，如公式"=6<=8"的结果为TRUE。参与关系运算数据对象除了数值型数据外，还可以是字符型数据和逻辑型数据，三种数据类型的大小关系是逻辑型数据大于字符型数据，字符型数据大于数值型数据。

> **小技巧**　使用运算符"&"连接2个数值型数据时，Excel会将数值型数据转换为字符型数据，然后相连接得到新的文本型数据。如公式"=12&58"得到字符型数据"1258"，而非"=12+58"得到数值型数据70。

2.1.3　运算优先级

当一个公式表达式中存在多个运算符时，表达式要按照一定的先后顺序来计算，这个顺序就是运算优先级。也就是说，运算优先级决定了公式的运算顺序。

Excel中运算符优先级，由高到低依次为：乘方"^"→负号"-"→百分比"%"→乘"*"、除"/"→加"+"、减"-"→文本连接"&"→比较运算符">、>=、<、<=、<>、="。运算优先级相同的多个运算符，按照自左向右的顺序依次运算。Excel公式支持使用圆括号，用户可以将先计算的部分放到圆括号内。同时，考虑到使用括号编写公式表达式，更有利于用户理解和阅读，建议用户合理使用。

2.2　单元格引用

为了提高公式录入效率，用户可以在录入公式时采用键盘和鼠标协同操作。如录入公式"=A1+B1"时，可以用键盘在单元格（或编辑栏）里输入"="，然后用鼠标单击A1单元格，将"A1"输入到"="后，再使用键盘输入"+"，然后再用鼠标单击B1单元格，将"B1"输入到"+"后，最后按Enter键完成公式录入。

为了达到引用单元格数据变化，公式计算结果动态变化的目的，在公式使用过程中，时常会用到单元格（或单元格区域）的引用。引用的作用相当于链接，指明了公式中数据的引用位置。在Excel中常用的有相对引用、绝对引用和混合引用三种引用形式。

2.2.1　相对引用

相对引用指的是公式所在单元格与被引用单元格之间的相对位置关系，当对公式单元格复制，到目标单元格粘贴时，单元格中的公式地址会随之发生相对的改变。相对引用采用的是"列名+行数字"的形式，如单元格B3。

下面举例说明相对引用的使用方法，首先对存储有公式"=A1+B1"的单元格C1复制，然后到单元格C2粘贴，则公式会发生相应改变。此时，单元格C2中的公式为"=A2+B2"。如果将该公式复制到单元格D3时，公式会变为"=B3+C3"。通过例子可以知道，相对引用单元格位置是随着公式所在的单元格位置变化而变化的。

2.2.2 绝对引用

相对于相对引用的单元格地址随公式位置变化而变化，绝对引用则是引用单元格（或数据区域）地址是绝对地址，即被引用的单元格（或数据区域）和引用单元格之间的关系是绝对的。当绝对引用的公式复制到其他单元格时，绝对引用单元格的位置不发生任何改变，即行和列位置都保持不变。绝对引用在列名和行数字前分别添加"$"符号，如"$B$3"表示对单元格 B3 的绝对引用。

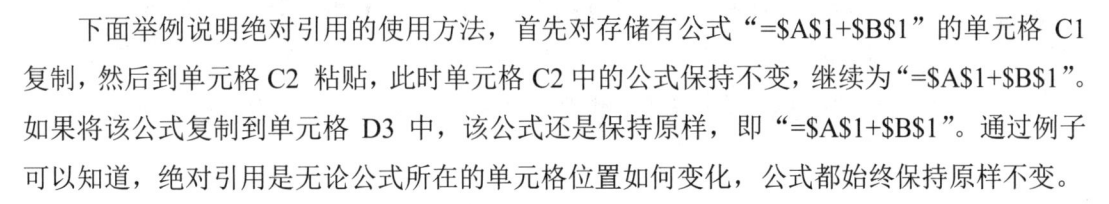

下面举例说明绝对引用的使用方法，首先对存储有公式"=$A$1+$B$1"的单元格 C1 复制，然后到单元格 C2 粘贴，此时单元格 C2 中的公式保持不变，继续为"=$A$1+$B$1"。如果将该公式复制到单元格 D3 中，该公式还是保持原样，即"=$A$1+$B$1"。通过例子可以知道，绝对引用是无论公式所在的单元格位置如何变化，公式都始终保持原样不变。

2.2.3 混合引用

除了上述相对引用和绝对引用之外，有时会需要用到单元格引用部分保持不变，而部分随之变化的情况，这就是相对引用和绝对引用的混合，称之为混合引用。混合引用在列名或行数字两者中的一个前的添加"$"符号。如混合引用"$B3"，表示公式所在的单元格位置发生列位置变化时，公式引用保持不变，而发生行位置变化时，公式随之变化。而混合引用"B$3"恰巧相反，表示公式所在的单元格位置发生列位置变化时，公式引用随之变化，而发生行位置变化时，公式保持不变。

> **小技巧**　选中相对引用单元格，按 F4 键可实现相对引用、绝对引用和混合引用间的转换。如选择公式"=A1"的单元格 A1，按 F4 公式将变成"=$A$1"，再按 F4 变成"=A$1"，再按 F4 变成"=$A1"，再按 F4 变成"=A1"。

2.2.4 外部引用

通常情况下，我们对工作表的操作都是在一个工作表内完成的，但有时也需要跨工作表，甚至跨工作簿来完成操作，这就是 Excel 的外部引用。

1. 跨工作表引用

跨工作表引用指的是在同一个工作簿里的不同工作表间的引用，使用方法是在引用单元格前加上对应工作表引用（即工作表的名称），并使用符号"!"进行隔开。格式为"工作表名称!单元格地址"，如"=Sheet2!$B$3"表示绝对引用了 Sheet2 工作表中的 B3 单元格。通常情况下，对跨工作表的引用一般都采用绝对地址引用，这样即使该公式移动到其他位置，所引用的单元格地址也不会发生改变。

2. 跨工作簿引用

跨工作簿引用是指引用其他工作簿的单元格，引用格式为"[工作簿名称]工作表名称!单元格引用"，如"=[大学生标准]百米测试!$D$1"。一般情况下，跨工作簿引用时需要将引用的工作簿打开。如果没有打开该工作簿时，需要在单元格引用的工作簿名称前标注出

该文件的存放路径，并用单引号括起来，如"='E:\测试\[大学生标准]百米测试'!$D$1"。

3. 三维引用

当要引用多个工作表中的相同单元格位置时，可以使用三维引用。其格式为"工作表名称1:工作表名称N!单元格引用"。如某工作簿存放了三个班级的成绩表，名称分别为"1班""2班"和"3班"，3个成绩表的相同位置D1单元格存放了对应班级的平均成绩。则计算这三个班的平均成绩，可以使用三维引用公式"=Average(1班:3班!$D$1)"。

> **小技巧** 当被引用的工作表名称修改时，跨工作表引用方式的工作表名称会随之自动更改，无需人工干预。但这种情况不适用于跨工作簿的引用，即跨工作簿引用修改工作簿名称时，相关联的工作簿名称必须手动修改。

2.3 公式调试

在Excel中，公式作为重要的数据计算手段，使用频率极高，加上部分计算公式十分复杂，公式出现错误在所难免。当发生错误时，该如何读懂系统错误提示，如何利用公式审核工具来追踪引用单元格和从属单元格，找出错误原因显得至关重要。

2.3.1 常见公式错误

提示错误信息，是Excel公式审核的基本功能之一。在使用公式和函数进行计算的过程中，如果使用不正确，Excel会在相应的单元格里提示错误信息。了解错误提示信息的含义，将有助于用户发现和改正错误。

在公式使用过程中，常见的错误提示信息，归纳起来主要有以下几种：

- ######：当列宽不足，或使用了负值的日期或时间时，产生该错误提示。
- DIV/0：当除数是0时，产生该错误提示。
- #N/A：公式或函数中没有可用的数值时，产生该错误提示。
- #NAME?：公式或函数中使用了不能识别的名称时，产生该错误提示。
- #NULL!：当指定两个并不相交的区域交叉点时，产生该错误提示。
- #NUM!：公式或函数中使用了无效的数值时，产生该错误提示。
- #REF!：公式中引用了无效的单元格时，产生该错误提示。
- VALUE!：使用了错误的参数或运算对象类型时，产生该错误提示。

2.3.2 引用追踪

当工作表使用的公式非常复杂的时候，往往很难搞清楚公式与值之间的引用关系。如某一单元格的公式引用了其他多个单元格，而该单元格又被别的单元格公式所引用。针对这一问题，Excel提供了引用追踪功能，该功能分为追踪引用单元格和追踪从属单元格两类。

1. 追踪引用单元格

如果在选定的单元格中包含了一个公式或函数,在公式或函数中包含了其他单元格,这些被包含的单元格称为引用单元格。使用单元格追踪功能,可以在选定要审核的单元格(含引用单元格公式的单元格)后,执行"公式"→"公式审核"→"追踪引用单元格"命令。这时公式追踪功能会将公式引用的单元格用蓝色箭头标出。如果想取消该追踪箭头,可以执行"公式审核"→"删除箭头"命令。

2. 追踪从属单元格

追踪从属单元格和追踪引用单元格功能和操作类似,但侧重点不同。前者强调的是该单元格引用了哪些其他单元格,后者则强调该单元格被哪一个单元格所引用。使用追踪从属单元格功能,可以在选定要审核的单元格(含引用单元格公式的单元格)后,执行"公式"→"公式审核"→"追踪从属单元格"命令。这时公式追踪功能会将单元格从属关系用蓝色箭头标出。执行"公式审核"→"删除箭头"命令,取消该追踪箭头。

> **小技巧** 当出现了公式错误提示时,用户可以通过执行"公式"→"公式审核"→"错误检查"命令,进行错误检查和分析。也可以通过"错误检查"下列项中的"追踪错误"命令,进行错误追踪,进而发现造成错误的原因。

2.3.3 公式求值

除了上述引用追踪功能外,Excel 还提供了公式求值功能。使用该功能,可以查看公式的计算过程,以及每一步的计算结果。用户在选定要审核的单元格(含引用单元格公式的单元格)后,执行"公式"→"公式审核"→"公式求值"命令,打开"公式求值"对话框,如图 2-1 所示。

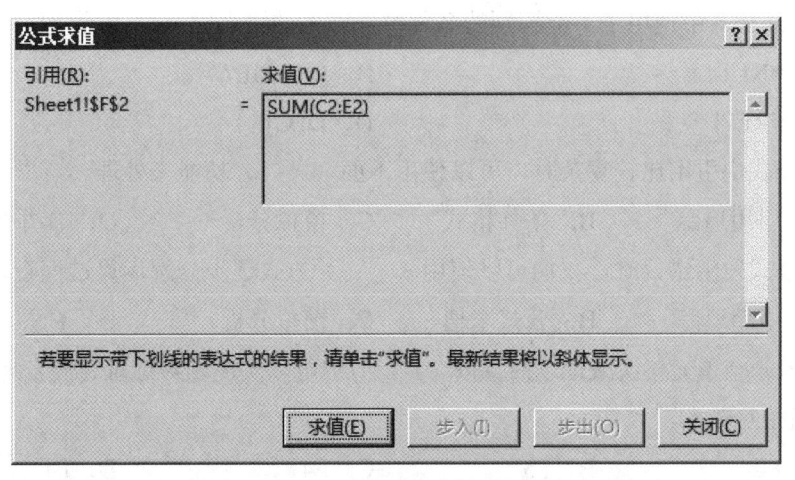

图 2-1 "公式求值"对话框

通过重复单击"公式求值"对话框中的"求值"按钮,并观察右侧的"求值"栏,可以看到公式计算的全部过程。直到公式计算出现结果,此时"求值"按钮会变为"重新启动"按钮,再次单击该按钮,可以重复演示。该功能非常有利于单元格计算公式的排错,建议用户一定要深入理解,并在日常公式出错时使用该功能。

2.4 本章习题

一、判断题

1. Excel 进行数据运算时，不能够引用不同工作表里的数据。（　　）
2. 绝对引用的单元格，不会随目标单元格地址变化而变化。（　　）
3. 可以使用 Excel 的公式求值功能，对单元格公式逐步排错。（　　）

二、选择题

1. 如果 Excel 某单元格数据显示为"########"，这表示（　　）。
   A．公式错误　　　　　　　　B．格式错误
   C．行高不够　　　　　　　　D．列宽不够

2. 在 Excel 中，若文字长度过长需要文字能够自动换行时，可以利用"设置单元格格式"对话框中的（　　）选项卡，选择"自动换行"。
   A．数字　　　B．对齐　　　C．图案　　　D．边框

3. 下列公式中（　　）使用了绝对地址引用。
   A．=A1+B1　　　　　　　　B．=$A$1+$B$1
   C．=A$1+B$1　　　　　　　D．=$A1+$B1

4. A1=20，B1=19，则公式"=A1&B1"得到的结果是（　　）。
   A．数值型数据 39　　　　　B．字符型数据 39
   C．数值型数据 2019　　　　D．字符型数据 2019

5. Excel 公式中使用了不能识别的名称时，产生的错误提示是（　　）。
   A．#NULL　　　　　　　　B．#NAME?
   C．#REF!　　　　　　　　D．DIV/0

6. 当公式中引用比较复杂时，可以使用下面（　　）功能来处理。
   A．引用追踪　　B．条件格式　　C．模拟分析　　D．合并计算

7. 当公式发生错误时，我们可以使用（　　）方式逐步分解运算过程查找错误原因。
   A．引用追踪　　B．公式求值　　C．模拟分析　　D．合并计算

8. 输入一个单元格区域地址后，按（　　）键可以实现相对地址、混合地址和绝对地址引用之间相互转换。
   A．F2　　　　B．F5　　　　C．F4　　　　D．F1

9. 关于 Excel 错误提示，下列说法错误的是（　　）。
   A．当除数为 0 时，出现"#DIV/0!"提示
   B．当单元格列宽不足时，出现"#####"提示
   C．当在函数或公式中没有可用数值时，出现"#N/A"提示
   D．当公式中使用了不能识别的文本时，出现"#NUM!"提示

10. 在 Excel 中，要显示公式与单元格之间的关系，可通过以下（   ）方式实现。

　　A. "公式"选项卡的"函数库"组中有关功能

　　B. "公式"选项卡的"公式审核"组中有关功能

　　C. "审阅"选项卡的"校对"组中有关功能

　　D. "审阅"选项卡的"更改"组中有关功能

11. 某公式中引用了一组单元格，它们是（C3:D7,A2,F1），该公式引用的单元格总数为（   ）。

　　A. 16　　　　　B. 12　　　　　C. 4　　　　　D. 10

三、思考题

1. 如何巧妙使用相对引用、绝对引用、混合引用，设计出最简捷的九九乘法表？

2. 如何利用公式求值功能，找出单元格错误原因？

第 3 章 函数的使用

函数是除公式之外，Excel 强大数据计算与分析功能又一有力支撑。通过函数功能，可以实现复杂的数据计算和数据分析，简化公式录入，提高工作效率。本章将详细介绍函数的基础知识、函数分类和函数的使用，以及其他相关知识内容。

知识目标

- 了解函数结构和函数类型。
- 理解函数结构中参数的含义和函数嵌套相关知识。
- 理解定义名称的意义和作用。

能力目标

- 掌握函数的使用方法。
- 掌握函数编辑和函数嵌套的操作方法。
- 掌握名称的定义和使用方法。

思维导图

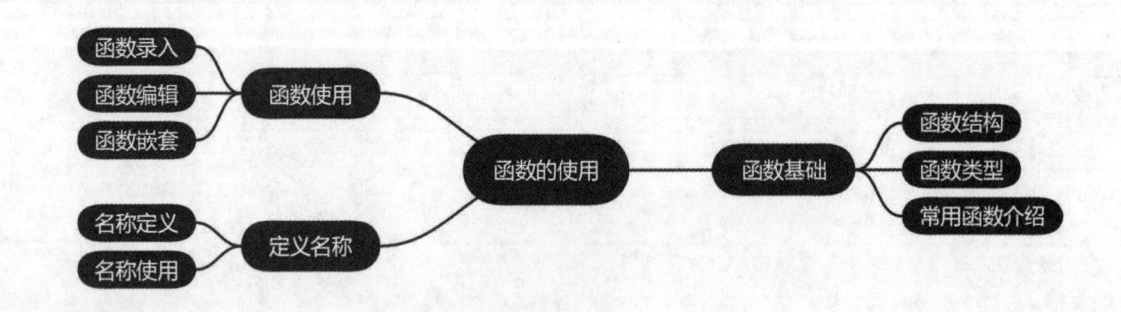

3.1 函 数 基 础

函数是 Excel 数据计算与分析的基础，是对常用数据计算的有效集成，它简化了公式录入的复杂度，提高了数据计算的效率。Excel 内置了多种函数，如数学与统计函数、文本函数、日期和时间函数、逻辑函数、查询和引用函数、数据库函数、工程函数、财务函数和信息函数，以及用户自定义函数等。

3.1.1 函数结构

函数是由 Excel 预先定义的，并按照一定的格式结构和计算顺序对数据进行计算和分析的功能，它是公式的抽象化和高度凝练。对于函数的使用，用户可以根据函数结构，按照函数参数设定来调用。由于函数是公式的特殊化，所以在单元格输入函数公式时也需要用"="开头，且函数名称不区分字母大小写。

在 Excel 中，每一个函数都具有类似的函数结构，即函数名（参数 1,参数 2,...）。其中，函数名为函数的唯一标识，它决定了函数的功能和作用。函数的各个参数位于括号内，各参数间用逗号隔开。参数为函数的输入值，是参与函数计算的数据，可以是数值、文本、日期时间、逻辑值、表达式、区域名称、引用单元格或其他函数（函数嵌套）。如"=Average(A1:A10)"表示计算数据区域 A1:A10 的数据平均值，"=Sum(A1:A10)"表示计算 A1:A10 的数据和，"=Max(A1:A10)"表示计算 A1:A10 的最大值，"=Min(A1:A10)"表示计算 A1:A10 的最小值，"=Count(A1:A10)"表示统计 A1:A10 的数值个数。

Excel 中也有一些函数没有参数，如系统日期函数 Today、系统时间函数 Now、行数函数 Row 和列数函数 Column 等。使用这部分函数时，直接调用函数即可，如"=Today"，即可获取当前系统日期。

所谓的函数嵌套，就是当处理复杂计算时，用户可以在函数中调用其他函数作为参数来使用，即在函数中嵌套使用其他函数。

3.1.2 函数类型

根据应用领域和操作的数据类型不同，可以将函数分为数学与统计函数、文本函数、日期和时间函数、逻辑函数、查找和引用函数、财务分析函数、信息函数、工程函数和数据库函数等多种函数类型。

数字与统计函数是使用频率最高的函数之一，主要负责数值型数据和数学三角函数等方面的数学计算，如四舍五入函数 Round、求余数函数 Mod、求正弦值函数 Sin 等；文本函数也是使用频率很高的函数，主要负责文本数据类型的计算，如字符串截取函数 Left、Right 和 Mid 等；日期和时间函数主要负责日期时间数据类型的计算，如求系统日期函数 Today、求系统时间函数 Now、求日期间隔函数 Datedif 等；逻辑函数主要负责针对表达式进行真假的判断，或者进行复合检验，如条件判断函数 If、求并运算函数 And、求或运算函数 Or 等，其中，If 函数是逻辑函数中使用频率最高的函数；查找和引用函数主要负责在工作表中查找特定的数据，或者特定的单元格引用，如定位查找函数 Lookup、Vlookup 和 Hlookup 等；财务分析函数负责财务方面相关的数据计算，如计算固定资产折旧值函数 DB、计算可返回投资回报的未来值函数 FV 等；信息函数主要用于返回单元格区域的格式、保存路径和系统相关信息；工程函数主要用于复数和积分处理、进制转换和度量转换；数据库函数主要负责与数据库相关的数据计算。

3.1.3 常用函数介绍

Excel 提供了多种类型的函数，作为初学者刚开始接触，这里介绍几个常用函数，以便大家对函数有一个基本的认识，见表 3-1。更多函数相关知识，本书将在后续章节进行详细介绍。

表 3-1 常用函数表

函数名称	语法结构	说明
求和函数 Sum	Sum(number1, number2,...)	计算指定单元格（或单元格区域）所有数值的和。如 Sum(A1,B1,C1)或者 Sum(A1:C1)的作用是计算 A1、B1 和 C1 单元格数值的和
平均值函数 Average	Average(number1, number2,...)	返回所有参数的算术平均值。如 Average(A1,B1,C1)或者 Average(A1:C1)的作用是计算 A1、B1 和 C1 单元格数值的平均值
计数函数 Count	Count(value1,value2,...)	计算单元格区域中包含数字的单元格个数。如 Count(A1,B1,C1)或者 Count(A1:C1)返回的是 A1、B1 和 C1 单元格中数值的个数
最大值函数 Max	Max(number1, number2,...)	返回一组数值中的最大值。如 Max(A1,B1,C1)或者 Max(A1:C1)返回的是 A1、B1 和 C1 单元格中最大的数值
最小值函数 Min	Min(number1, number2,...)	返回一组数值中的最小值。如 Min(A1,B1,C1)或者 Min(A1:C1)返回的是 A1、B1 和 C1 单元格中最小的数值

3.2 函数使用

使用函数可以简化公式编写，增加公式的易读性，并有效地提高工作效率。在 Excel 中使用函数参与数据计算时，需要掌握函数使用的基本方法。

3.2.1 函数录入

函数录入是使用函数的基础，Excel 支持通过工具栏求和按钮录入、使用"插入函数"对话框录入和手工直接录入等多种方式。

1. 使用求和按钮录入

Excel 针对常用的求和、求平均值、求最大值、求最小值和计数等函数，集成到了"开始"→"编辑"→"求和"按钮的下拉列表中，如图 3-1 所示。

用户在使用该功能时，可以通过单击"求和"按钮（使用求和运算时），或者单击"求和"按钮右侧的下拉选项选择其他命令，然后输入相应的参数，按 Enter 键确认。

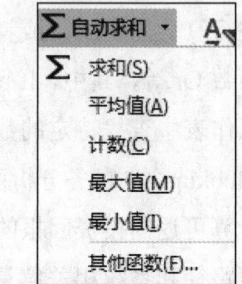

图 3-1 "求和"按钮

同时，当用户使用上述求和等 5 个函数时，如果满足活动单元格（即计算结果存放单元格）和参与计算的单元格相邻，而且活动单元格位于计算单元格的右侧（或下方）时，用户还可以选择从活动单元格起且包含全部参与计算的单元格区域。完成区域选择后，再单击"求和"按钮或按钮右侧的下拉列表的其他命令，也可以完成计算操作。

2. 使用"插入函数"对话框录入

上述的通过"求和"命令按钮录入函数的方法简单便捷，但它只包含最常用的 5 个函数命令，使用其他函数时就不太方便了，这时用户可以通过使用"插入函数"对话框的方法来完成。

首先选择活动单元格，然后执行"公式"→"函数库"命令，此处按照函数类别将函数分类，用户可以通过选择相应函数分类右侧的下拉列表选择函数，打开"函数参数"对话框，依次输入相应的参数。同时，为了便于用户理解和使用函数，Excel 在"函数参数"对话框中提供了函数每一个参数的详细说明，以及"有关该函数的帮助"链接，用户可以借助于这些设置更好地理解和使用函数。如逻辑函数 If 的各参数设置如图 3-2 所示，当单元格 A2 中存储值为"男"时，当前单元格显示"先生"，否则显示"女士"。

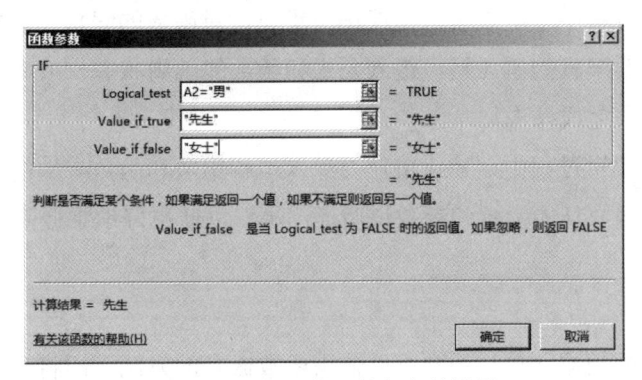

图 3-2 逻辑函数 If 的各参数设置

用户也可以通过"函数库"中的"插入函数"按钮，或者单击"开始"→"编辑"组中"求和"按钮右侧的下拉列表的"其他函数"命令，打开"插入函数"对话框，如图 3-3 所示。在该对话框中选择相应的函数后，单击"确定"按钮，从而打开"函数参数"对话框，然后再输入函数参数，完成函数的录入。

图 3-3 "插入函数"对话框

Excel 功能设计十分人性化，它会将用户近期使用过的函数，默认显示在"常用函数"列表框的最前面，以便再次使用。在"插入函数"对话框中，用户还可以通过"搜索函数"或选择函数类别功能来提高函数查找的速度。同时，考虑到插入函数操作的使用频率高，Excel 还提供了 Tab 键实现选中函数的录入，以及组合键 Shift+F3 来打开"插入函数"对话框等设置。

3. 手工录入

对于函数掌握比较熟练的用户来说，除了上述方法外，还有手工录入函数的方法。该方法最大的特点是纯手工键盘录入，录入效率更高。用户可以通过在编辑栏（或者单元格）里直接录入函数以及函数中各个参数来完成函数的使用。手工录入对用户熟练使用函数的能力要求较高，不建议初级用户使用。对于有一定基础的用户来说，手工录入可以提高效率，用户多加练习便可熟能生巧。

3.2.2 函数编辑

在函数的使用过程中，函数录入错误在所难免，对函数的编辑和函数录入基本相同。用户可以通过双击要编辑的单元格，进入公式和函数的编辑状态，或者在选中单元格后，通过在编辑栏编辑来完成操作。

函数的录入和编辑过程中，建议用户要深入理解函数和函数参数的含义，充分利用函数的相关提示，如函数功能提示和参数说明提示等，以便更好地掌握函数。

3.2.3 函数嵌套

为了完成复杂的数据计算，用户可以使用函数嵌套的方法，即将某个函数作为其他函数的参数。函数嵌套的内部函数返回值，必须符合调用函数对应参数的数据类型。

例如，公式"=If(And(D2>=0,D2<60),"不及格","及格")"，就使用了嵌套函数。该公式使用了 If 函数，且 If 函数在判断条件参数位置嵌套了 And 函数。其中，If 函数会根据并且运算函数 And 返回值，来决定返回值（当函数 And 返回 TRUE 时，If 函数返回"不及格"，否则返回"及格"）。而 And 函数要根据表达式"D2>=0"和"D2<60"的判断结果是否为 TRUE（两个条件同时为 TRUE 时，And 函数的返回结果为 TRUE，否则为 FALSE），来决定其返回值。

对于上述公式的录入，用户可以使用在编辑栏里直接录入，也可以使用"插入函数"对话框来完成。下面以使用"插入函数"对话框的方法和操作步骤，进行详细介绍。

选定单元格后，打开"插入函数"对话框，在其中选择 If 函数，单击"确定"按钮打开 If 函数的"函数参数"对话框。将光标定位到该对话框的第一个参数 Logical_test 文本框内，然后再次打开"插入函数"对话框，选择 And 函数，单击"确定"按钮打开 And 函数的"函数参数"对话框。在该对话框中，依次录入参数，如图 3-4 所示。参数录入完成后，将光标定位到编辑栏公式编辑区的 If 函数名称上，此时对话框会切换为 If 函数的"函数参数"对话框。再录入 If 函数的其他两个参数，如图 3-5 所示。核对公式无误后，单击"确定"按钮即可。

图 3-4　And 函数参数设置

图 3-5　If 函数参数设置

在上述公式录入过程中，如果出现录入错误，或操作失误将"函数参数"对话框关闭时，用户可以将光标定位到编辑栏相应的函数名称位置，使用组合键 Shift+F3 来打开相应的"函数参数"对话框。

> **小技巧**　考虑到函数嵌套在录入和理解方面的难度，用户可以通过辅助单元格将函数嵌套分解的方法来处理。如上述公式可以借助单元格 G2，G2 中录入公式=And(D2>=0,D2<60)，然后原公式可变换为=If(G2,"不及格","及格")。

3.3　定 义 名 称

定义名称是 Excel 十分重要的一项功能，它虽不是必须的操作项，但却具有重要意义。因为通过定义名称功能，可以将单元格区域、函数、常量或者表格定义为一个名称，在后面的 Excel 公式录入和编辑过程中，可以大幅度简化操作，使得公式和函数更便于理解和维护。

3.3.1 名称定义

为单元格区域或其他对象定义名称后,在公式和引用中就可以通过名称来操作相应的单元格区域,从而简化公式录入。在定义名称时,必须遵循以下规则:

- 名称的第一个字符必须是字母、文本或小数点。
- 名称最多包含 255 个字符,且名称中的字母不区分大小写。
- 名称定义时应该遵守"见名知意"的原则,即看到名称就能够知道该名称的含义和代表的意思。
- 名称不能够使用 Excel 预留的关键字或函数名。

一般情况下,定义名称可以通过以下两种方法完成。一种是用户可以在选择单元格区域后,通过在编辑栏最左侧的名称框输入名称,然后按 Enter 键来完成。另一种是通过执行"公式"→"定义的名称"→"定义名称"命令,打开"新建名称"对话框,如图 3-6 所示。在该对话框中,依次输入"名称""范围"和"引用位置"(定义名称的单元格区域)等信息,单击"确定"按钮完成名称的定义。

3.3.2 名称使用

名称定义后,用户就可以像使用单元格一样使用名称。例如,在公式中使用如图 3-6 所示的定义的名称"税率",就可以代替"Sheet1!$E$2",用户可以录入公式"=E1*税率"来代替"=E1*Sheet1!$E$2"。这样可以简化被重复引用的绝对地址单元格,尤其是跨工作表引用时其优势更为明显。

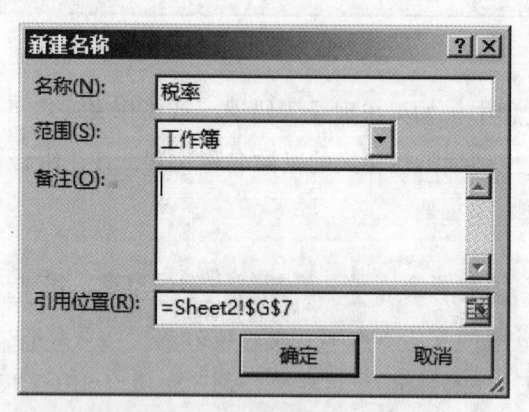

图 3-6 "新建名称"对话框

用户在使用名称时,可以通过手工输入的方法,或者通过执行"公式"→"定义的名称"→"用于公式"下拉选项命令,在公式中插入名称。对于已有的名称,用户可以通过执行"公式"→"定义的名称"→"名称管理器"命令,打开"名称管理器"对话框,如图 3-7 所示。通过使用对话框中的"新建""编辑"和"删除"按钮,来完成名称的新建、编辑和删除操作。

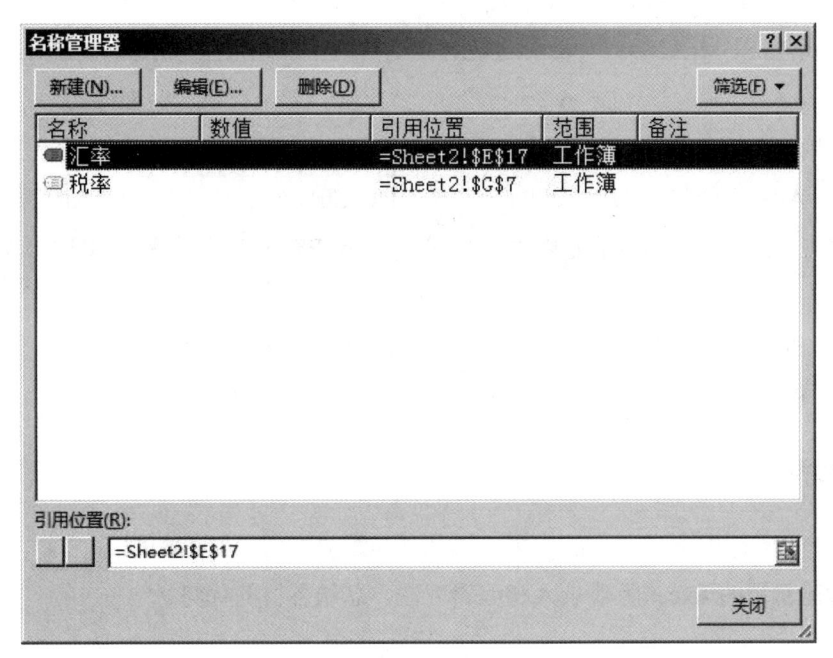

图 3-7 "名称管理器"对话框

3.4 本章习题

一、判断题

1. Excel 所有函数至少要有一个参数。（   ）
2. 公式"=Average(A1:A10)"表示计算 A1 和 A10 两个单元格的数据平均值。（   ）
3. Excel 函数中的参数只能是数值型数据。（   ）
4. Count 函数是计算单元格区域中包含数值型数据的单元格个数。（   ）
5. 定义名称可以有效简化公式，便于用户理解和后期维护。（   ）

二、选择题

1. 合理使用（   ）功能，可以有效降低公式复杂度。
   A．定义名称   B．绝对地址引用
   C．删除重复项   D．数据排序
2. 函数录入过程中，可以使用组合键（   ）打开该函数参数对话框。
   A．Alt+F3   B．Shift+F3   C．Tab   D．Shift
3. 默认情况下，新定义的名称的使用范围是（   ）。
   A．所有打开的工作表   B．所有打开的工作簿
   C．当前工作表   D．当前工作簿
4. 函数输入过程中，当预录入的函数已经处于选择状态时，可以通过使用（   ）键完成该函数的录入。
   A．Enter   B．Alt   C．Shift   D．Tab

5. 公式"=SUM(A2:D3)"表示的是对（　　）个单元格区域求和。
   A. 4　　　　　B. 6　　　　　C. 8　　　　　D. 10
6. 使用（　　）组合键，可以快速对其左侧（或上面）数据单元格进行求和。
   A. Alt+=　　　B. Shift+=　　C. Ctrl+=　　D. Alt+]
7. 将 Excel 工作表 A1 单元格中的公式"=Sum(B$2:C$4)"复制到 B18 单元格后，原公式将变为（　　）。
   A. Sum(C$19:D$19)　　　　　B. Sum(C$2:D$4)
   C. Sum(B$19:C$19)　　　　　D. Sum(B$2:C$4)

三、思考题

1. 思考 Excel 中定义名称的作用，以及其与绝对引用之间的关联。
2. 对比常用的 Excel 函数录入和编辑方法，总结各自的优势。

第4章 常用函数

函数是 Excel 的重要组成部分，是 Excel 数据计算的主要手段。相比 Excel 公式来说，函数具有种类丰富、操作简单和功能强大等诸多优点，能够简化复杂公式的录入，提高数据计算效率。本章将针对日常工作中的常用函数进行详细讲解，分别介绍数学与统计函数、文本函数、日期与时间函数、查找与引用函数和逻辑函数等相关知识。

知识目标

- 理解数学与统计函数的含义和各函数结构。
- 理解文本函数的含义和各函数结构。
- 理解日期与时间函数的含义和各函数结构。
- 理解查找与引用函数的含义和各函数结构。
- 理解逻辑函数的含义和各函数结构。

能力目标

- 掌握数学与统计函数中各函数的使用方法。
- 掌握文本函数中各函数的使用方法。
- 掌握日期与时间函数中各函数的使用方法。
- 掌握查找与引用函数中各函数的使用方法。
- 掌握逻辑函数中各函数的使用方法。

思维导图

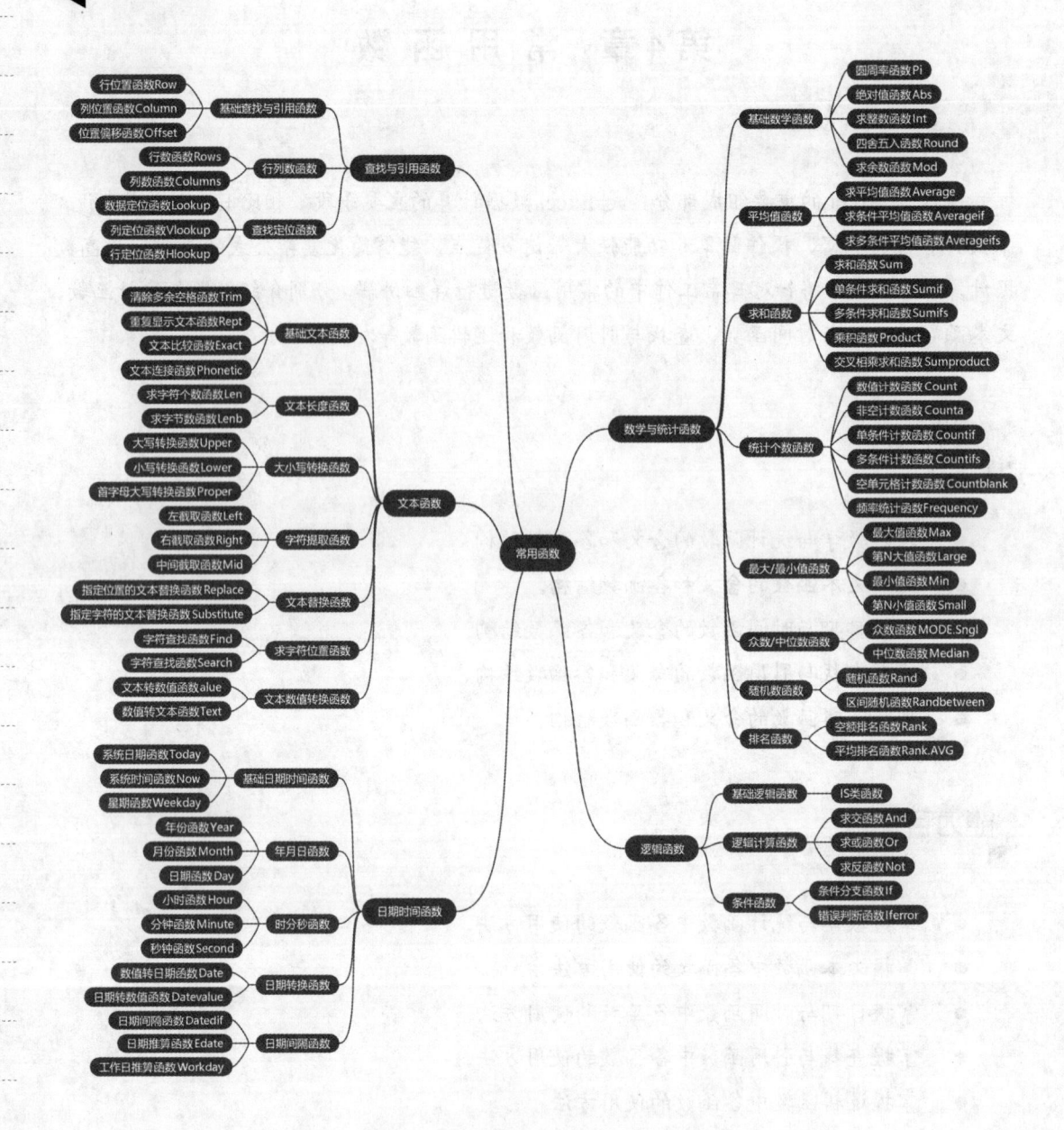

- 常用函数
  - 查找与引用函数
    - 基础查找与引用函数
      - 行位置函数 Row
      - 列位置函数 Column
      - 位置偏移函数 Offset
    - 行列数函数
      - 行数函数 Rows
      - 列数函数 Columns
    - 查找定位函数
      - 数据定位函数 Lookup
      - 列定位函数 Vlookup
      - 行定位函数 Hlookup
  - 文本函数
    - 基础文本函数
      - 清除多余空格函数 Trim
      - 重复显示文本函数 Rept
      - 文本比较函数 Exact
      - 文本连接函数 Phonetic
    - 文本长度函数
      - 求字符个数函数 Len
      - 求字节数函数 Lenb
    - 大小写转换函数
      - 大写转换函数 Upper
      - 小写转换函数 Lower
      - 首字母大写转换函数 Proper
    - 字符提取函数
      - 左截取函数 Left
      - 右截取函数 Right
      - 中间截取函数 Mid
    - 文本替换函数
      - 指定位置的文本替换函数 Replace
      - 指定字符的文本替换函数 Substitute
    - 求字符位置函数
      - 字符查找函数 Find
      - 字符查找函数 Search
    - 文本数值转换函数
      - 文本转数值函数 Value
      - 数值转文本函数 Text
  - 数学与统计函数
    - 基础数学函数
      - 圆周率函数 Pi
      - 绝对值函数 Abs
      - 求整数函数 Int
      - 四舍五入函数 Round
      - 求余数函数 Mod
    - 平均值函数
      - 求平均值函数 Average
      - 求条件平均值函数 Averageif
      - 求多条件平均值函数 Averageifs
    - 求和函数
      - 求和函数 Sum
      - 单条件求和函数 Sumif
      - 多条件求和函数 Sumifs
      - 乘积函数 Product
      - 交叉相乘求和函数 Sumproduct
    - 统计个数函数
      - 数值计数函数 Count
      - 非空计数函数 Counta
      - 单条件计数函数 Countif
      - 多条件计数函数 Countifs
      - 空单元格计数函数 Countblank
      - 频率统计函数 Frequency
    - 最大/最小值函数
      - 最大值函数 Max
      - 第N大值函数 Large
      - 最小值函数 Min
      - 第N小值函数 Small
    - 众数/中位数函数
      - 众数函数 MODE.Sngl
      - 中位数函数 Median
    - 随机数函数
      - 随机函数 Rand
      - 区间随机函数 Randbetween
    - 排名函数
      - 空额排名函数 Rank
      - 平均排名函数 Rank.AVG
  - 日期时间函数
    - 基础日期时间函数
      - 系统日期函数 Today
      - 系统时间函数 Now
      - 星期函数 Weekday
    - 年月日函数
      - 年份函数 Year
      - 月份函数 Month
      - 日期函数 Day
    - 时分秒函数
      - 小时函数 Hour
      - 分钟函数 Minute
      - 秒钟函数 Second
    - 日期转换函数
      - 数值转日期函数 Date
      - 日期转数值函数 Datevalue
    - 日期间隔函数
      - 日期间隔函数 Datedif
      - 日期推算函数 Edate
      - 工作日推算函数 Workday
  - 逻辑函数
    - 基础逻辑函数
      - IS类函数
    - 逻辑计算函数
      - 求交函数 And
      - 求或函数 Or
      - 求反函数 Not
    - 条件函数
      - 条件分支函数 If
      - 错误判断函数 Iferror

4.1　数学与统计函数

在 Excel 中，数学与统计函数是用户常用的函数之一。这类函数本身并不复杂，用户可以通过该函数组处理常用的数值计算问题，如对数值求平均值、单元格区域中的数值求和或者其他复杂的数学与统计计算。

4.1.1　基础数学函数：Pi/Abs/Int/Round/Mod

对数值型数据进行运算，离不开基础数学函数，它们主要有圆周率常量函数 Pi、求绝对值函数 Abs、求整数函数 Int、四舍五入函数 Round 和求余数函数 Mod 等。

1. 圆周率函数 Pi

在数学课本里,圆周率用 π 表示,而在 Excel 里,则需要使用 Pi 函数来表示。Pi 函数来表示是一个无参数常量函数,它可以精确到小数点后 14 位,常用于求圆形的面积。

使用该函数时,只需要输入 Pi()即可调用。如一个圆形的半径为 10,则对应的圆形面积就可以使用公式"=Pi()*10*10",即可得到 314.1592654。

Pi 函数的使用效果如图 4-1 所示。

	A	B	C
1	数据		10
2	函数	=PI()	=PI()*C1*C1
3	结果	3.141592654	314.1592654
4	说明	圆周率 π 的值	求半径为10的圆的面积

图 4-1　Pi 函数的使用效果

2. 绝对值函数 Abs

Abs 函数是用于计算数值型数据的绝对值,且返回该绝对值。所谓绝对值,就是一个数字不带其正负符号的形式。该函数的语法结构为:

Abs(number)

该函数参数的含义如下:

- number:需要计算其绝对值的实数。

Abs 函数的使用效果如图 4-2 所示。

	A	B	C	D	E
1	数据	11	-4	0.94	0
2	函数	=ABS(B1)	=ABS(C1)	=ABS(D1)	=ABS(E1)
3	结果	11	4	0.94	0
4	说明	11的绝对值	-4的绝对值	0.94的绝对值	0的绝对值

图 4-2　Abs 函数的使用效果

> **小技巧**　Abs 函数的参数只能是一个数值型数据、单元格或表达式,不支持使用单元格区域和数组。如果 Abs 函数的参数 number 为非数值型参数时,则函数返回错误值"#value!"。

3. 求整数函数 Int

Int 函数是对数值型数据进行向下舍入求整数的函数,即对正数数据求 Int 得到其整数部分,对负数数据求 Int 得到比该数据小的整数。该函数的语法结构为:

Int(number)

该函数参数的含义如下:

- number:需要进行向下舍入取整的实数。

Int 函数的使用效果如图 4-3 所示。

	A	B	C	D	E
1	数据	8.9	8.1	-8.9	-8.1
2	函数	=INT(B1)	=INT(C1)	=INT(D1)	=INT(E1)
3	结果	8	8	-9	-9
4	说明	求正数的整数部分	求正数的整数部分	求比负数小的整数	求比负数小的整数

图 4-3 Int 函数的使用效果

4. 四舍五入函数 Round

Round 函数是对数值型数据按照指定精确位数进行四舍五入，并将四舍五入的结果返回。该函数的语法结构为：

Round(number, num_digits)

该函数参数的含义如下：

- number：要进行四舍五入计算的数值，或者单元格引用。
- num_digits：指定的四舍五入运算的位数。

Round 函数的使用效果如图 4-4 所示。

	A	B	C	D	E	F	G
1	数据	8.639	8.639	8.639	-8.639	-8.639	-8.639
2	函数	=ROUND(B1,0)	=ROUND(C1,1)	=ROUND(D1,2)	=ROUND(E1,0)	=ROUND(F1,1)	=ROUND(G1,2)
3	结果	9	8.6	8.64	-9	-8.6	-8.64
4	说明	保留0位小数	保留1位小数	保留2位小数	保留0位小数	保留1位小数	保留2位小数

图 4-4 Round 函数的使用效果

5. 求余数函数 Mod

Mod 函数是对数值型数据求余数的函数。特别需要注意的是，Mod 函数是用于返回两个数相除的余数，返回结果的符号与除数的符号相同。若被除数与除数异号，先将被除数和除数看作是正数，再作除法运算，能整除时，其值为 0，不能整除时，余数=除数×(整商+1)-被除数。该函数的语法结构为：

Mod(number,divisor)

该函数参数的含义如下：

- number：数值型的被除数。
- divisor：数值型的除数。当 divisor 为零时，函数 Mod 返回错误值"#div/0!"。

Mod 函数的使用效果如图 4-5 所示。

	A	B	C	D	E
1	数据				
2	函数	=MOD(5,4)	=MOD(5,-4)	=MOD(-5,4)	=MOD(-5,-4)
3	结果	1	-3	3	-1
4	说明	5除以4的余数	5除以4的整数商为1，加1后为2；其与除数之积为8；再与被除数之差为(5-8=-3)；取除数的符号。所以值为-3	略	余数符号与除数的符号相同

图 4-5 Mod 函数的使用效果

> **小技巧**：余数函数 Mod 可以借用 Int 函数来表示，如函数 Mod(N,D)完全等价于 N-D*Int(N/D)。函数 Mod 参数可以是保存数值型数据的一个单元格，而不可以是单元格区域。

4.1.2 平均值函数：Average/Averageif/Averageifs

日常工作中，我们经常要计算一些平均值，如每个部门的平均工资、每个月平均销售额等，这时就会用到对数据进行求平均值计算。在 Excel 中，涉及求平均值的函数主要有 Average、Averageif 和 Averageifs 等。

1. 求平均值函数 Average

函数 Average 是 Excel 常用的函数之一，是对数值型数据进行求平均值计算，且返回该数值。该函数的语法结构为：

Average(number1,[number2],...)

该函数参数的含义如下：

- number1,[number2],...：参与计算平均值的相关数值、单元格引用或单元格区域，最多可包含 255 个参数。

Average 函数的使用效果如图 4-6 所示。

	A	B	C	D	E	F	G	H	I
1	数据	2	4	6	8	ABC	0	TURE	
2	函数	=AVERAGE(B1:D1)			=AVERAGE(E1:H1)				=AVERAGE(3,4,5)
3	结果	4			4				4
4	说明	区域B1到D1的平均值			文本、逻辑值将被忽略，但包含零值的单元格将计算在内				数值3,4,5的平均值

图 4-6　Average 函数的使用效果

> **小技巧**：Average 函数参数可以是数字、包含数字的名称、数组或引用。如果数组或引用参数包含文本、逻辑值或空白单元格，则这些值将被忽略，但包含零值的单元格将计算在内。

2. 求条件平均值函数 Averageif

Averageif 函数用于计算某个区域内满足指定条件的单元格的平均值，且返回该数值。若条件中的单元格为空单元格，Averageif 将视其为数值 0。该函数的语法结构为：

Averageif (range,criteria,[average_range])

该函数参数的含义如下：

- range：设置函数筛选条件的数据区域，其中可以是数值或包含数值的名称、数组或单元格引用。若 range 为空值或文本值，averageif 将返回错误值"#div0"。

- criteria：形式为数字、表达式、单元格引用或文本的条件，用来定义参与计算平均值的单元格规则。如果条件中的单元格为空单元格，averageif 就会将视其为数值 0。该函数参数支持使用通配符，即问号"?"和星号"*"。其中，"?"匹配任意单个字符，"*"匹配任意多个字符。如果要查找实际存在的问号或星号，可在字符前键入波形符"~"。
- average_range：计算平均值的实际单元格区域。如果省略，则默认使用 range 参数。

Averageif 函数的使用效果如图 4-7 所示。

	A	B	C	D
1		地区	城市	销售额
2	数据	西南地区	成都	52416
3		西南地区	重庆	36288
4		西南地区	昆明	84562
5		西南地区	贵阳	25666
6		西北地区	兰州	34272
7		西北地区	西安	50400
8		华南地区	广州	38304
9		华南地区	深圳	42336
10		华北地区	天津	32256
11		华北地区	北京	84672
12	函数	=AVERAGEIF(B2:B11,"西北地区",D2:D11)		=AVERAGEIF(D2:D11,">50000")
13	结果	42336		68012.5
14	说明	在B2:B11区域里查找值为"西北地区"的地区，找到后将相对应的D2:D11区域里的值（只有D6和D7）求平均值		在D2:D11区域里查找值大于"50000"的销售额，找到后将相对应的D2:D11区域里的值（只有D1、D3、D7和D11）求平均值。Average_Range参数省略，则使用Range区域

图 4-7 Averageif 函数的使用效果

3. 求多条件平均值函数 Averageifs

Averageifs 函数是 Averageif 函数的功能扩展，用于计算某个区域内满足多个指定条件的单元的平均值，且返回该数值。该函数的语法结构为：

Averageifs(average_range,criteria_range1,criteria1,[criteria_range2,criteria2],...)

该函数参数的含义如下：

- average_range：要计算平均值的一个或多个单元格，其中支持数值或包含数值的名称、数组或引用。
- criteria_range1：设置条件数据区域，该参数作为第一个条件区域是必需项，Excel 最多支持 1~127 个条件区域。
- criteria1：针对条件区域 criteria_range1 的计算条件，该参数作为第一个条件是必需项，形式为数字、表达式、单元格引用或文本的 1~127 个条件。支持在条件中使用通配符，即问号"?"和星号"*"。其中，"?"匹配任意单个字符，"*"匹配任意多个字符。如果要查找实际的问号或星号，请在字符前键入波形符"~"。
- criteria_range2,criteria2：要进行判断的第 2~127 条件区域和条件，该参数为非必需项，用户可以根据需要选择使用。

Averageifs 函数的使用效果如图 4-8 所示。

	A	B	C	D
1		地区	城市	销售额
2	数据	西南地区	成都	52416
3		华北地区	重庆	36288
4		华北地区	昆明	14562
5		西南地区	贵阳	25666
6		西北地区	兰州	34272
7		西北地区	西安	50400
8		华南地区	广州	38304
9		华南地区	深圳	42336
10		华北地区	天津	22256
11		华北地区	北京	84672
12	函数	=AVERAGEIFS(D2:D11,B2:B11,"华北地区",D2:D11,">30000")		
13	结果	60480		
14	说明	在B2:B11区域里查找值为"华北地区"的记录,同时在D2:D11区域里查找值为大于30000的记录,两个条件都满足的行对应的D2:D11区域里的值求平均值		

图 4-8 Averageifs 函数的使用效果

4.1.3 求和函数：Sum/Sumif/Sumifs/Product/Sumproduct

在日常工作中，时常要对数据进行求和运算。Excel 针对各种求和场景，提供了多种求和函数，大幅度提高了工作效率。

1. 求和函数 Sum

Sum 函数是 Excel 常用的函数之一。由于该函数十分常用，它被默认显示在"插入函数"中的"常用函数"列表中。同时，也出现在了"开始"选项卡的"编辑"栏目里。该函数用于计算某一单元格区域或数组中所有数值的和，且返回该值。当参数为数组或引用时，只有其中的数值被计算，而空白单元格、逻辑值、文本或错误值将被忽略。该函数的语法结构为：

Sum(number1,[number2],...)

该函数参数的含义如下：

- number1,[number2],...：表示 1~255 个参与求和的数值，包括逻辑值、文本表达式、区域或引用等。

Sum 函数的使用效果如图 4-9 所示。

	A	B	C	D	E	F	G
1	数据	11	-4	0.94	0		软件技术
2	函数	=SUM(12,13)	=SUM(B1,D1)	=SUM(D1)	=SUM(B1:E1)	=SUM("8")	=SUM(G1)
3	结果	25	11.94	0.94	7.94	8	0
4	说明	直接键入的多个数值求和	多个单元格求和	一个单元格求和	一个单元格区域求和	文本型数字参数,是可以直接求和的	文本被忽略

图 4-9 Sum 函数的使用效果

> **小技巧**：Sum 函数参数中的空白单元格、逻辑值、文本或错误值会被忽略。但当在数学运算的加减乘除中,逻辑值 TRUE 和 FALSE 分别被转换为数值 1 和 0,即公式"=TRUE+FALSE"结果为 1。另外,用户还可以使用组合键 Alt+=调用 Sum 函数。

2. 单条件求和函数 Sumif

Sumif 函数是 Sum 函数和 If 函数功能的组合,用于根据指定条件对若干个单元格求和,即只对满足条件的单元格求和。Sumif 函数和 Sum 函数的关系,与前面介绍过的 Averageif 函数和 Average 函数的关系类似,大家可以对比学习。该函数的语法结构为:

Sumif(range,criteria,sum_range)

该函数参数的含义如下:

- range：用于条件判断的单元格区域,即指定作为搜索对象的单元格区域。
- criteria：求和的条件,其形式可以为数字、表达式、文本或通配符等组成的判定条件。
- sum_range：用于被相加求和的单元格区域。

Sumif 函数的使用效果如图 4-10 所示。

	A	B	C	D
1		工号	姓名	销售量
2	数据	D005	张小平	116
3		20A6	李善刚	87
4		D001	乔大年	112
5		A001	孔祥玉	69
6	函数	=SUMIF(B2:B5,"*A*",D2:D5)		
7	结果	156		
8	说明	先在B2:B5区域里查找含有字母"A"的工号,这里查到两个"20A6"和"A001",然后将"20A6"对应的D3中的数据87与"A001"对应的D5中的数据69相加,即得数值156。这里的"*"表示通配符,代表任意多个字符		

图 4-10 Sumif 函数的使用效果

> **小技巧**：在 Sumif 函数中,指定的条件为常量时,必须用" "(双引号括起来),如">=100"或"男"等。而指定条件是引用单元格时,则无需双引号括起来,直接引用即可。建议用户对比 Averageif 函数和 Average 函数进行学习。

3. 多条件求和函数 Sumifs

Sumifs 函数是 Sumif 函数的功能扩展,该函数用于对满足多个指定条件的若干单元格求和,相当于多次条件筛选后求和。该函数的语法结构为:

Sumifs(sum_range,criteria_range1,criteria1,[criteria_range2,criteria2], ...)

该函数参数的含义如下:

- sum_range：需要求和的实际单元格区域。包括数值或包含数值的名称、单元格区域或单元格引用,计算忽略空值和文本值。

- criteria_range1：表示要作为条件进行判断的第 1 个条件单元格区域。
- criteria1：表示要进行判断的第 1 个条件，形式可以为数值、文本或表达式。
- [criteria_range2,criteria2],…：表示要作为条件进行判断的第 2 个条件单元格区域和第 2 个条件以及更多，后面的条件区域和条件以此类推。

Sumifs 函数的使用效果如图 4-11 所示。

	A	B	C	D
1	数据	工号	商品	销售量
2		A001	康师傅	110
3		B001	金麦郎	120
4		A002	金麦郎	130
5		B001	统一	140
6		B002	统一	150
7		A002	福满多	160
8		B003	福满多	170
9		A001	福满多	180
10		A002	统一	190
11	函数	=SUMIFS(D2:D10,B2:B10,"A001",C2:C10,"康师傅")		
12	结果	110		
13	说明	该函数用来统计工号为"A001"的员工所卖"康师傅"商品的销售量		

图 4-11　Sumifs 函数的使用效果

> **小技巧**　在使用 Sumifs 函数时，需要注意函数中的求和区域 sum_range 和条件区域 criteria_range 的范围大小和位置必须一致，否则函数会出错。

4. 乘积函数 Product

Product 函数是用于计算给出的数据（或数组）的乘积，也就是将所有以参数形式给出的数字相乘，返回乘积值。该函数的语法结构为：

Product(number1,number2,…)

该函数参数的含义如下：

- number1,number2,…：表示 1～255 个参与相乘的数字参数，对应的数字参数相乘，返回乘积值。

Product 函数的使用效果如图 4-12 所示。

	A	B	C	D
1	数据	单价	折扣	数量
2		100	0.85	10
3	函数	=PRODUCT(B2:D2)		
4	结果	850		
5	说明	对B2:D2区域数据相乘，返回乘积值，从而对商品单价、折扣、数量统计金额		

图 4-12　Product 函数的使用效果

5. 交叉相乘求和函数 Sumproduct

Sumproduct 函数是 Excel 2007 版本后新增的一个函数，是数组对应交叉相乘求和函数。该函数功能是在指定的几组数组中，将数组间对应的元素相乘，且返回乘积之和。该函数的语法结构为：

Sumproduct(array1,[array2],[array3],...)

该函数参数的含义如下：

- array1,[array2],[array3],...：表示 1～255 个数组参数，对应的元素需要进行相乘，并求和。

Sumproduct 函数的使用效果如图 4-13 所示。

	A	B	C	D	E	F	G
1		商品	单价	数量	商品	单价	数量
2		铅笔	0.8	10	铅笔	0.8	10
3	数据	橡皮	1.4	5	橡皮	1.4	暂未统计
4		钢笔	12.5	2	钢笔	12.5	2
5		尺子	3	4	尺子	3	4
6	函数	=SUMPRODUCT(C2:C5,D2:D5)			=SUMPRODUCT(F2:F5,G2:G5)		
7	结果	52			45		
8	说明	C2:C5和D2:D5两个区域数组内的元素对应相乘，然后相加，即C2*D2+C3*D3+C4*D4+C5*D5			G3单元格的值"暂未统计"为文本，并非数值，SUMPRODUCT将其主动视为零，于是F3*G3的结果也为零，其余数组元素照常计算，得出45的结果		

图 4-13 Sumproduct 函数的使用效果

> **小技巧** 函数 Sumproduct 在使用过程中，数组参数必须具有相同的维数，否则将返回错误值"#value!"。出于运算速度的考虑，该函数适用于计算区域较小的情况，否则运算速度会变慢。

4.1.4 统计个数函数：Count/Counta/Countif/Countifs/Countblank/Frequency

在日常工作中，统计某个元素或单元格引用出现的次数，是数据分析中的常用操作。Excel 提供了多个统计个数的函数，进而满足用户的多场景使用需求。

1. 数值计数函数 Count

Count 函数是 Excel 常用的函数之一，用于计算参数列表中包含数值的单元格个数。利用 Count 函数，可以计算单元格区域或数值数组中数值类型的数据个数。若参数是一个数组或引用时，那么只统计该数组或引用中的数值（日期、时间也属于数值）。而数组或引用中的空白单元格、逻辑值、文本或错误值都将被忽略。如果要统计逻辑值、文本或错误值，用户则可以考虑使用函数 Counta。Count 函数的语法结构为：

Count(value1,[value2],...)

该函数参数的含义如下：

- value1,[value2],...：函数包含或引用各种类型数据的参数（1～255 个），其中只有数值类型的数据才能被统计。

Count 函数的使用效果如图 4-14 所示。

	A	B	C	D	E	F	G	H	I	J
1	数据	TRUE			#DIV/0!	2018/4/3	88	我爱Excel	ABC	3
2	函数	=COUNT(B1:K1)								
3	结果	3								
4	说明	空白单元格、逻辑值、文本或错误值都不计算在内，只统计了F1，G1，K3，所以结果为3								

图 4-14 Count 函数的使用效果

2. 非空计数函数 Counta

Counta 函数与 Count 函数类似，经常出现在 Excel 统计参数列表中指定项个数的情景中。Count 函数用于统计数值数据的数量，而 Counta 函数用于统计非空单元格的数量，它不仅可以统计数值数据，还可以统计文本、逻辑值和错误值的数量。该函数的语法结构为：

Counta(value1,[value2],...)

该函数参数的含义如下：

- value1,[value2],...：所要计数的各种数据类型数据值，参数个数为 1～255 个。

Counta 函数的使用效果如图 4-15 所示。

	A	B	C	D	E	F	G	H	I	J	K
1	数据	TRUE			#DIV/0!	2018/4/3	88	88	我爱Excel	ABC	3
2	函数	=COUNTA(B1:K1)									
3	结果	9									
4	说明	C1单元格虽然看上去是空的，但其内容为="",只有D1单元格是空的，其余非空，所以结果为9									

图 4-15 Counta 函数的使用效果

> **小技巧**　Counta 函数参数可以是任何类型，包括数值型、字符型、日期时间型，以及空字符("")，但不包括空单元格。如果参数是数组或单元格引用，则其中的空单元格将被忽略。

3. 单条件计数函数 Countif

Countif 函数是 Count 函数和 If 函数的功能结合，用于计算满足指定条件的单元格数量，即该函数是统计满足单个条件的单元格数量函数。该函数的语法结构为：

Countif(range,criteria)

该函数参数的含义如下：

- range：需要统计满足条件的单元格所在的单元格区域。
- criteria：确定单元格将被统计的条件，其形式可以是数字、表达式或文本。

Countif 函数的使用效果如图 4-16 所示。

	A	B	C	D	E	F	G
1	数据	12	-22	0	66	HOME论坛	SCHOOL
2	函数	=COUNTIF(B1:G1,12)	=COUNTIF(B1:G1,"<0")	=COUNTIF(B1:G1,"<>0")	=COUNTIF(B1:G1,B1)	=COUNTIF(B1:G1,">"&B1)	=COUNTIF(B1:G1,"????")
3	结果	1	1	5	1	1	0
4	说明	返回等于12的单元格数量	返回负值的单元格数量	返回不等于0的单元格数量	返回等于单元格B1中内容的单元格数量	返回大于单元格B1中内容的单元格数量	返回4个字符长度的文本个数

图 4-16 Countif 函数的使用效果

4. 多条件计数函数 Countifs

Countifs 函数是 Countif 函数的功能扩展，用于计算多个区域满足指定条件的单元格个数，允许同时设定多个条件。Countifs 的用法与 Countif 类似，但后者适用于单一条件的统计，而前者适用于多个条件的统计，功能更为强大。该函数的语法结构为：

Countifs(criteria_range1,criteria1,[criteria_range2,criteria2],…)

该函数参数的含义如下：

- criteria_range1：第一个需要计算满足条件的条件单元格区域（简称条件区域）。
- criteria1：第一个区域中将被计算在内的条件（简称条件），其形式可以为数字、表达式或文本。
- [criteria_range2,criteria2],…：第二个条件区域和第二个条件，依次类推。最终结果为多个区域中同时满足多个条件的单元格个数。

Countifs 函数的使用效果如图 4-17 所示。

	A	B	C	D
1		工号	商品	销售量
2	数据	A001	农夫山泉	110
3		B001	可口可乐	120
4		A002	可口可乐	130
5		B001	娃哈哈	140
6		B002	娃哈哈	150
7		A002	恒大冰泉	160
8		B003	恒大冰泉	170
9		A001	恒大冰泉	180
10		A002	娃哈哈	280
11	函数	=COUNTIFS(B2:B10,"=A002",D2:D10,"<200")		
12	结果	2		
13	说明	该函数用来统计工号等于"A002"，并且销售量小于200的销售记录有多少条		

图 4-17 Countifs 函数的使用效果

5. 空单元格计数函数 Countblank

Countblank 函数与 Count 函数和 Counta 函数类似，是 Excel 使用频率较高的函数，用于统计指定单元格区域中空白单元格的个数。这里所谓空白单元格，是指没有输入内容的单元格。对 Countblank 函数来说，满足条件的单元格中必须是没有任何内容的，某些单元格看上去像是空白的，但实际有内容的不会被统计，如有空格的单元格。该函数的语法结构为：

Countblank(range)

该函数参数的含义如下：

- range：需要统计包含空白单元格的单元格区域。

Countblank 函数的使用效果如图 4-18 所示。

	A	B	C	D	E	F	G	H	I	J	K
1	数据	TRUE	FALSE		#DIV/0!	2018/4/3	88	88	我爱Excel	ABC	3
2	函数	=COUNTBLANK(B1:K1)									
3	结果	1									
4	说明	只有D1单元格是空的，其余非空，所以结果为1									

图 4-18　Countblank 函数的使用效果

6. 频率统计函数 Frequency

Frequency 函数是计算某个值在指定区域内出现的频率，与 Countif 函数有相似之处。常用于统计各个数据区间的数据出现概率，如统计考试成绩中的优（85～100）、良（70～84）、中（60～69）、差（0～59）人数，最终返回一个垂直的数字数组，分别对应各数据段的概率统计。该函数属于数组函数，必须以数组公式的形式录入，即选中结果存放单元格区域，输入公式后按组合键 Ctrl+Shift+Enter。该函数的语法结构为：

Frequency(data_array, bins_array)

该函数参数的含义如下：

- data_array：要对其频率进行计数的一组数值（或对这组数值）的引用。
- bins_array：要将 data_array 中的值插入到的间隔数组（或对间隔）的引用。

Frequency 函数的使用效果如图 4-19 所示。

	A	B	C	D	E
1		数据	分级	函数	结果
2	数据	92	59	=FREQUENCY(B2:B8,C2:C5)	1
3		63	69	=FREQUENCY(B2:B8,C2:C5)	2
4		87	84	=FREQUENCY(B2:B8,C2:C5)	1
5		79	100	=FREQUENCY(B2:B8,C2:C5)	3
6		60			
7		56			
8		97			
9	说明	该函数属于数组函数，所以输入函数时要注意，操作过程是先选中E2:E5区域，然后输入函数，选中统计数据区域并按组合键Ctrl+Shift+Enter。函数是以C2:C5为依据分别统计B2:B8数据出现的个数			

图 4-19　Frequency 函数的使用效果

4.1.5　最大/最小值函数：Max/Large/Min/Small

在日常工作中，求数值组的最大值（或最小值）是常用操作。Excel 可以十分轻松地计算出最大值（或最小值），而且不但可以计算出最大值（或最小值），还可以计算出指定排序中的任意大（或小）的值，如考试成绩中的第 2 名（或倒数第 2 名）是多少分。

1. 最大值函数 Max

Max 函数是 Excel 中常用的函数之一，用于计算一组数值型数据的最大值，且返回该数值。该函数的语法结构为：

Max(number1,[number2],...)

该函数参数的含义如下：

- number1,[number2],...：表示要从中找出最大值的数值型数据组，最多支持 255 个参数。可以将参数指定为数值、空白单元格、逻辑值或数字格式的文本表达式。若参数为错误值或不能转换成数字的文本时，将产生错误。若参数不包含数值型数据，则函数返回 0。

Max 函数的使用效果如图 4-20 所示。

	A	B	C	D	E	F	G
1	数据	11	-4	0.94	0		软件技术
2	函数	=MAX(B1,C1,D1)		=MAX(C1:F1)		=MAX(G1)	
3	结果	11		0.94		0	
4	说明	计算B1,C1,D1这三个单元格中的最大值		计算C1:F1这个区域中的最大值		如果参数不包含数值型数据，函数MAX返回0	

图 4-20 Max 函数的使用效果

> **小技巧** 如果函数参数为数组或引用，则只有数组或引用中的数值将被计算，数组或引用中的空白单元格、逻辑值或文本将被忽略。如果逻辑值或文本不能忽略，可以考虑使用函数 Maxa 来代替，这里不再介绍，请自行查阅相关资料。

2. 最 N 大值函数 Large

使用 Excel 进行数据计算时，时常会用到数据统计和排序的功能，而 Large 函数就是该功能中的一个重要函数。该函数用于计算数据集合中指定大小排序的第几大值，且返回该值。该函数的语法结构为：

Large(array,k)

该函数参数的含义如下：

- array：需要从中选择第 k 大值的数组或数据区域。若 array 为空，函数 Large 返回错误值"#num!"。
- k：返回值在数组或数据单元格区域里的位置（从大到小排序）。若 k≤0 或 k 大于数据的个数，函数 Large 返回错误值"#num!"。

Large 函数的使用效果如图 4-21 所示。

	A	B	C	D	E	F	G
1	数据	11	-4	0.94	0	23	-24
2	函数	=LARGE(B1:G1,1)		=LARGE(B1:G1,3)		=LARGE(B1:G1,6)	
3	结果	23		0.94		-24	
4	说明	计算B1:G1区域中的第1大值		计算B1:G1区域中的第1大值		计算B1:G1区域中的第6大值	

图 4-21 Large 函数的使用效果

> 当 Large 函数数值区域中的数据个数为 n 时，则函数 Large(array,1) 返回最大值，作用等价于 Max 函数。而函数 Large(array,n) 返回最小值，作用则等价于 Min 函数。

3. 最小值函数 Min

Min 函数是 Excel 最常用的函数之一，与 Max 函数相对应。该函数用于计算一组数值中的最小值，且返回该值。该函数的语法结构为：

Min (number1,[number2],...)

该函数参数的含义如下：

- number1,[number2],...：表示要从中找出最小值的数值型数据组，最多支持 255 个参数。可以将参数指定为数值、空白单元格、逻辑值或数字格式的文本表达式。若参数为错误值或不能转换成数字的文本时，将产生错误。若参数不包含数值，则函数返回 0。

Min 函数的使用效果如图 4-22 所示。

	A	B	C	D	E	F	G
1	数据	11	-4	0.94	0		软件技术
2	函数	=MIN(B1,C1,D1)		=MIN(C1:F1)		=MIN(G1)	
3	结果	-4		-4		0	
4	说明	计算B1,C1,D1这三个单元格中的最小值		计算C1:F1这个区域中的最小值，空白单元格与非数字单元格忽略		如果参数不包含数字，函数MIN返回0	

图 4-22 Min 函数的使用效果

> 如果函数参数是数组或引用时，则函数 Min 仅使用其中的数字，空白单元格、逻辑值、文本或错误值将被忽略。如果逻辑值和文本字符串不能忽略时，用户可以考虑使用 Mina 函数，这里不再介绍，请自行查阅相关资料。

4. 最 N 小值函数 Small

在 Excel 中查找某系列数据数组中的第几小值时，可以使用 Small 函数。Small 函数与 Large 函数相对应，用于计算数据集合中指定大小排序的第 N 小值，且返回该值。该函数的语法结构为：

Small(array,k)

该函数参数的含义如下：

- array：需要找到第 k 小值的数组或数值型数据区域。若 array 为空，函数 Small 返回错误值"#num!"。
- k：返回的数据在数组或数据区域里的位置(从小到大)排序。若 k≤0 或 k 大于数据的个数，函数 Small 返回错误值"#num!"。

Small 函数的使用效果如图 4-23 所示。

	A	B	C	D	E	F	G
1	数据	11	-4	0.94	0	23	-24
2	函数	=SMALL(B1:G1,1)		=SMALL(B1:G1,3)		=SMALL(B1:G1,-2)	
3	结果	-24		0		#NUM!	
4	说明	计算B1:G1区域中的最小值		计算B1:G1区域中的第三最小值		k值小于0,函数SMALL返回错误值#NUM	

图 4-23 Small 函数的使用效果

> **小技巧**：如果 Small 函数的数值区域中的数据个数为 n，则函数 Small(array,1)返回最小值，作用等价于 Min 函数。函数 Small(array,n)返回最大值，作用等价于 Max 函数。

4.1.6 众数/中位数函数：MODE.Sngl/Median

在日常数据分析中，我们除了对数据进行求和、求平均值、最大值、最小值之外，分析一组数据中的众数、中位数也实属常见操作。

1. 众数函数 MODE.Sngl

众数是指在统计分布上具有明显集中趋势点的数值，代表数据的一般水平，即一组数据中出现次数最多的数值，有时众数在一组数据中有 1 个，也可能有多个，还有可能不存在。如 1,2,2,3 的众数为 2；1,2,2,3,3 的众数为 2 和 3；1,2,3,4 的众数就不存在。

MODE.Sngl 函数返回一组数据或数据区域中出现频率最高或重复出现的数据，即众数。当这组数据不存在众数时返回#N/A，否则返回众数。该函数的语法结构为：

MODE.Sngl (number1,[number2],...)

该函数参数的含义如下：

- number1,[number2],...：表示要从中找出众数的数值型数据组，最多支持 255 个参数。

MODE.Sngl 函数的使用效果如图 4-24 所示。

	A	B	C	D	E	F	G	H
1	数据	1	2	3	4	2	8	7
2	函数	=MODE.SNGL(B1:H1)				=MODE.SNGL(B1:E1)		
3	结果	2				#N/A		
4	说明	函数1对B1:H1区域求众数，因为数字2出现次数最多，所以结果为2 函数2对B1:E1区域求众数，因为各数字出现的次数相同，故无众数						

图 4-24 MODE.Sngl 函数的使用效果

2. 中位数函数 Median

中位数又称中值，是指将统计总体当中的各个变量值按大小顺序排列起来，形成一个数列，处于变量数列中间位置的变量值。

Median 函数回给定数值的中位数，当变量数列为奇数个时，排序中间的数字为中位数；当变量数列为偶数个时，排序中间 2 个数字的平均值为中位数。该函数的语法结构为：

Median (number1,[number2],...)

该函数参数的含义如下：

- number1,[number2],...：表示要从中找出中位数的数值型数据组，最多支持 255 个参数。

Median 函数的使用效果如图 4-25 所示。

	A	B	C	D	E	F	G	H
1	数据	1	2	3	4	2	8	7
2	函数	=MEDIAN(B1:H1)			=MEDIAN(B1:E1)			
3	结果	3			2.5			
4	说明	函数1对B1:H1区域7个数据求中位数，因为3排序在第4位，故结果为3 函数2对B1:E1区域4个数据求中位数，2和3位于中间求平均，故结果为2.5						

图 4-25　Median 函数的使用效果

4.1.7　随机数函数：Rand/Randbetween

在日常生活中，我们时常会遇到随机数抽奖活动，即根据产生的随机数决定抽奖结果，如公司年会中的抽奖等。这时使用 Excel 的随机数函数，可以实现抽奖环节的完全公开、公正和透明。

1. 随机函数 Rand

Rand 函数是一个无参数函数，即该函数没有任何参数。Rand 函数返回一个大于等于 0，且小于 1 均匀分布的随机数，工作表每次计算时都将返回一个新的数值。合理地将 Rand 函数与 Int 函数组合使用，就能够产生各种位数的随机数。如公式"=Int(Rand()*100)"，可以产生 0～100 之间的随机数。该函数的语法结构为：

Rand()

Rand 函数的使用效果如图 4-26 所示。

	A	B	C	D
1	数据			
2	函数	=RAND()	=INT(RAND()*100)	=5+5*RAND()
3	结果	0.508325149	72	9.366092639
4	说明	返回0及小于1的均匀分布随机数	每次计算工作表时都将返回一个新的数值	产生5到10之间的一个随机数

图 4-26　Rand 函数的使用效果

小技巧　若要生成 A 与 B 之间的随机数，可以使用公式"=Rand()*(B-A)+A"来实现。如果要控制随机数不随单元格计算改变时，可以在编辑栏中输入"=Rand()"，保持编辑状态，然后按 F9 键，即可将随机数函数转换为一个固定数值。

2. 区间随机函数 Randbetween

Randbetween 函数是在 Rand 函数的基础上改进而来的函数，用于返回位于两个指定数之间的一个随机数，工作表每次计算时都将返回一个新的数值。该函数的语法结构为：

Randbetween(bottom,top)

该函数参数的含义如下：

- bottom：randbetween 函数可能返回的最小随机数。
- top：Randbetween 函数可能返回的最大随机数。

Randbetween 函数的使用效果如图 4-27 所示。

	A	B	C	D
1	数据			
2	函数	=RANDBETWEEN(3,9)	=RANDBETWEEN(3,9)	=RANDBETWEEN(9,3)
3	结果	5	8	#NUM!
4	说明	返回3~9的分布随机数	每次计算工作表时都将返回一个新的数值	参数top小于bottom时，系统出错

图 4-27　Randbetween 函数的使用效果

> **小技巧**　当 Randbetween 函数不可用，且返回错误值"#NAME?"时，用户可以通过安装并加载"分析工具库"加载宏操作进行尝试。当该函数的参数 top 小于参数 bottom 时，函数返回"#NUM!"。

4.1.8　排名函数：Rank/Rank.AVG

日常生活中，我们时常会用到数据排名操作，即一个数据在某个数据区域内的排名先后问题，像考试成绩排名就是一个典型应用。Excel 提供了 Rank、Rank.AVG 和 Rank.EQ 三种函数，其中 Rank 函数与 Rank.EQ 函数表示空额排名，Rank.AVG 函数表示平均排名。考虑到 Rank.EQ 函数与 Rank 函数含义相同，不再单独介绍。

1. 空额排名函数 Rank

Rank 函数是实现指定数据在数据区域内的排名函数，当数据排名出现相同时，后续数据的排名出现空额。如有 2 个排名为 3，则不出现排名为 4 的数据，后续显示为第 5。该函数的语法结构为：

Rank(number,ref,[order])

该函数参数的含义如下：

- number：要参与排名的数值型数据。
- ref：数据排名的数组或单元格区域，ref 中的非数值数据将被忽略。
- [order]：指定的排名方式数字，0 或省略表示降序排序，非 0 表示升序。

Rank 函数的使用效果如图 4-28 所示。

	A	B	C	D	E	F	G
1	数据	1	3	2	6	5	3
2	函数	=RANK(C1,B1:G1)	=RANK(G1,B1:G1)	=RANK(D1,B1:G1)	=RANK(B1,B1:G1,1)	=RANK(B1,B1:G1,0)	
3	结果	3	3	5	1	6	
4	说明	降序并列排名	降序并列排名	降序排名	升序排名	降序排名	

图 4-28　Rank 函数的使用效果

2. 平均排名函数 Rank.AVG

Rank.AVG 也是数据排名函数，与 Rank 函数的主要区别在于出现相同数据排名的表示方式不同。Rank 函数中相同排名的后续排名结果是空额表示，而 Rank.AVG 是按相同排名数量进行平均显示的。Rank.AVG 函数的语法结构为：

Rank.AVG(number,ref,[order])

该函数参数的含义如下：

- number：要参与排名的数值型数据。
- ref：数据排名的数组或单元格区域，ref 中的非数值数据将被忽略。
- [order]：指定的排名方式数字，0 或省略表示降序排序，非 0 表示升序。

Rank.AVG 函数的使用效果如图 4-29 所示。

	A	B	C	D	E	F	G
1	数据	1	3	2	6	5	3
2	函数	=RANK.AVG(C1,B1:G1)	=RANK.AVG(G1,B1:G1)	=RANK.AVG(D1,B1:G1)	=RANK.AVG(B1,B1:G1,1)		
3	结果	3.5	3.5	5	1		
4	说明	降序并列排名	降序并列排名	降序排名	升序排名		

图 4-29　Rank.AVG 函数的使用效果

4.2　文　本　函　数

经过前面函数的学习，我们已经了解了 Excel 函数强大的数值计算功能。而其实在文本计算方面，Excel 也同样有很好的表现，集中体现在其类型丰富的文本函数集合方面，如基础文本函数、文本长度函数、大小写转换函数、字符提取函数、文本替换函数、求字符位置函数和文本数值转换函数等。

4.2.1　基础文本函数：Trim/Rept/Exact/Phonetic

利用基础文本函数完成数据清洗（如清除多余空格、或重复显示字符和规范数据格式等）是常用操作，是进行数据计算和分析的基础性操作。

1. 清除多余空格函数 Trim

在日常工作中，时常会遇到数据存在有多余空格的情况。当字符前后，或者字符中间存在多余空格时，若通过手工一个个机械删除，效率太低。Excel 为用户提供了 Tim 函数，用于删除字符串中的多余空格。Trim 函数除了单词之间的单个空格外，能够清除文本中的所有的空格。该函数的语法结构为：

Trim(text)

该函数参数的含义如下：

- text：需要清除包含多余空格的字符串或单元格引用。

Trim 函数的使用效果如图 4-30 所示。

	A	B
1	数据	I　　LOVE　　　　　　Excel!
2	函数	=TRIM(B1)
3	结果	I LOVE Excel!
4	说明	多个连续空格中保留最前的一个空格，删除其余空格，保留一个空格是为保证英文单词间的空格不被误删除

图 4-30　Trim 函数的使用效果

2. 重复显示文本函数 Rept

Rept 函数是用于按照指定次数重复显示指定文本的函数，相当于复制文本后重复粘贴，可以有效减轻重复显示字符的录入工作量。该函数的语法结构为：

Rept(text,number_times)

该函数参数的含义如下：

- text：要重复显示的文本。
- number_times：重复显示文本的次数（正数），若 number_times 为 0，则函数返回 ""（空文本）。

Rept 函数的使用效果如图 4-31 所示。

	A	B	C	D
1	数据	结果	函数	说明
2	1	☆	=REPT("☆",A2)	将☆填充1次
3	2	☆☆	=REPT("☆",A3)	将☆填充2次
4	3	☆☆☆	=REPT("☆",A4)	将☆填充3次
5	4	☆☆☆☆	=REPT("☆",A5)	将☆填充4次
6	5	☆☆☆☆☆	=REPT("☆",A6)	将☆填充5次

图 4-31　Rept 函数的使用效果

3. 文本比较函数 Exact

Exact 函数是用于检测两个字符串是否完全相同，根据比较结果返回逻辑值 TRUE 或 FALSE。该函数的语法结构为：

Exact(text1,text2)

该函数参数的含义如下：

- text1，text2：分别表示要进行比较的两个文本字符串。

Exact 函数的使用效果如图 4-32 所示。

	A	B	C	D	E
1	数据	数据处理	数据处理	My Excel	My excel
2	函数	=EXACT(B1,C1)		=EXACT(D1,E1)	
3	结果	TRUE		FALSE	
4	说明	略		Exact函数区分大小写字母	

图 4-32　Exact 函数的使用效果

4. 文本连接函数 Phonetic

在日常工作中，时常会用到将多个文本合并连接的操作，当需要连接的文本个数较多时，仅靠字符连接符"&"，就显得缺乏效率。Phonetic 函数能将若干位置相连的文本字符串合并成为一个新的文本字符串。该函数的语法结构为：

Phonetic(reference)

该函数参数的含义如下：

- reference：位置相连的文本字符串单元格区域引用。

Phonetic 函数的使用效果如图 4-33 所示。

	A	B	C	D
1	数据	我	超爱	Excel!
2	函数	=PHONETIC(B1:D1)		
3	结果	我超爱Excel!		
4	说明	将B1、C1、D1这3个单元格里的文本字符串,合并为一个文本字符串		

图 4-33　Phonetic 函数的使用效果

4.2.2　文本长度函数：Len/Lenb

Excel 对字符串进行计算操作时，求字符串长度是常用操作。Excel 为用户提供了求字符个数函数 Len 和求字节数函数 Lenb 等。

1. 求字符个数函数 Len

在 Excel 的使用过程中，有时需要统计文本字符串中字符的个数，即计算文本字符串的长度，借助于 Len 函数可以轻松完成。Len 函数专门用于计算文本字符串的字符个数，空格也将作为字符也进行计数。其语法结构为：

Len(text)

该函数参数的含义如下：

- text：要计算长度的文本字符串。

Len 函数的使用效果如图 4-34 所示。

	A	B
1	数据	I LOVE Excel!
2	函数	=LEN(B1)
3	结果	13
4	说明	B1单元格中全部都是半角字符

图 4-34　Len 函数的使用效果

2. 求字节数函数 Lenb

Lenb 函数与 Len 函数类似，也是用于计算字符串长度的，但前者强调的是字节个数，而后者强调的是字符数。也就是说当要计算的字符串为半角字符（如数字和半角英文字符）时，两个函数作用相同。当有全角字符出现时（如汉字），由于一个全角字符占 2 个字节，于是两个函数出现不同。Lenb 函数的语法结构为：

Lenb(text)

该函数参数的含义如下：

- text：要计算长度的文本字符串。

Lenb 函数的使用效果如图 4-35 所示。

	A	B	C
1	数据	I LOVE 数据处理	
2	函数	=LENB(B1)	=LEN(B1)
3	结果	15	11
4	说明	一个汉字占两个字节	略

图 4-35　Lenb 函数的使用效果

4.2.3　大小写转换函数：Upper/Lower/Proper

在日常工作中，时常会出现英文字符大小写转换的问题，若要用手工操作字符大小写切换，会严重影响工作效率。Excel 针对英文字符大小写转换，提供了专门的函数，用户可以利用这些函数轻松完成大小写字符间的转换。

1. 大写转换函数 Upper

Upper 函数用于将英文字符串中的全部字母转换为大写形式，不改变原字符串中的非字母字符格式。该函数的语法结构为：

Upper(text)

该函数参数的含义如下：

- text：需要转换成大写形式的文本，它可以是单元格引用或文本字符串。

Upper 函数的使用效果如图 4-36 所示。

	A	B	C	D	E
1	数据	our School	OUR school	our学校	OUR学校
2	函数	=UPPER(B1)	=UPPER(C1)	=UPPER(D1)	=UPPER(E1)
3	结果	OUR SCHOOL	OUR SCHOOL	OUR学校	OUR学校
4	说明	不管要转换的文本里是否有大写，统统全部转换为大写		函数UPPER不改变文本中的非字母的字符	

图 4-36　Upper 函数的使用效果

2. 小写转换函数 Lower

Lower 函数与 Upper 函数相对应，用于将英文字符串中全部字母转换为小写形式，不改变文字串中非字母的字符。该函数的语法结构为：

Lower(text)

该函数参数的含义如下：

- text：需要转换成小写形式的文本，它可以是单元格引用或文本字符串。

Lower 函数的使用效果如图 4-37 所示。

	A	B	C	D	E
1	数据	our School	OUR school	our学校	OUR学校
2	函数	=LOWER(B1)	=LOWER(C1)	=LOWER(D1)	=LOWER(E1)
3	结果	our school	our school	our学校	our学校
4	说明	不管要转换的文本里是否有小写，统统全部转换为小写		函数LOWER不改变文本中的非字母的字符	

图 4-37 Lower 函数的使用效果

3. 首字母大写转换函数 Proper

Excel 除了提供了大小写字符相互转换的函数外，还针对常见的英文首字母大写的情况，专门设计了 Proper 函数。该函数用于将字符串的首字母转换成大写，将其余的字母转换成小写。该函数的语法结构为：

Propcr(text)

该函数参数的含义如下：

- text：需要进行转换的字符串，包括双引号中的文本字符串、返回文本值的公式或包含有文本的单元格引用等。

Proper 函数的使用效果如图 4-38 所示。

	A	B	C	D	E
1	数据	our School	OUR school	our学校school	OUR学校SCHOOL
2	函数	=PROPER(B1)	=PROPER(C1)	=PROPER(D1)	=PROPER(E1)
3	结果	Our School	Our School	Our学校school	Our学校school
4	说明	将字符串的首字母转换成大写，将其余的字母转换成小写			

图 4-38 Proper 函数的使用效果

4.2.4 字符提取函数：Left/Right/Mid

在日常工作中，时常会遇到要获取某一单元格引用中部分字符的操作。如对"姓名"数据左侧截取一个字符，从而获得"姓氏"的操作。Excel 提供了字符提取函数，利用这组函数可以大幅度提高工作效率。

1. 左截取函数 Left

Left 函数是 Excel 常用函数之一，用于对文本字符串从左边提取指定长度的字符串，且返回该结果。其语法结构为：

Left(text,num_chars)

该函数参数的含义如下：

- text:包含要提取字符的文本字符串。
- num_chars:指定函数要提取的字符个数,该函数必须大于或等于0。若 num_chars 大于 text 文本长度,则函数返回所有 text 文本。若省略 num_chars,则默认其为1。

Left 函数的使用效果如图 4-39 所示。

	A	B	C	D
1	数据	I LOVE Excel!		
2	函数	=LEFT(B1)	=LEFT(B1,6)	=LEFT(B1,15)
3	结果	I	I LOVE	I LOVE Excel!
4	说明	从左边取1个字符	从左边取6个字符	所取字符的长度(15)大于文本长度(13),则LEFT返回所有文本

图 4-39 Left 函数的使用效果

2. 右截取函数 Right

Right 函数与 Left 函数相对应,也是 Excel 常用函数之一。用于对文本字符串从右边提取指定长度的字符串,且返回该结果。该函数的语法结构为:

Right(text,num_chars)

该函数参数的含义如下:

- text:包含要提取字符的文本字符串。
- num_chars:指定函数要提取的字符个数,该函数必须大于或等于0。若 num_chars 大于 text 文本长度,则函数返回所有 text 文本。若省略 num_chars,则默认其为1。

Right 函数的使用效果如图 4-40 所示。

	A	B	C	D
1	数据	I LOVE Excel!		
2	函数	=RIGHT(B1,1)	=RIGHT(B1,6)	=RIGHT(B1,15)
3	结果	!	Excel!	I LOVE Excel!
4	说明	从右边取1个字符	从右边取6个字符	所取字符的长度(15)大于文本长度(13),则RIGHT返回所有文本

图 4-40 Right 函数的使用效果

3. 中间截取函数 Mid

Mid 函数是与 Left 函数和 Right 函数相对应的,也是一个常用的字符提取函数,用于从指定文本字符串中的指定位置,提取指定个数的字符,且返回该结果。该函数的语法结构为:

Mid(text,start_num,num_chars)

该函数参数的含义如下:

- text:包含要提取字符的文本字符串
- start_num:文本中要提取的第一个字符的位置,若 start_num 大于 text 文本长度,则函数返回空文本("")。若 start_num 等于1,函数作用等同于 Left 函数。若 start_num 小于等于0,则 Mid 函数返回错误值"#value!"。

- num_chars：指定函数 Mid 从文本中返回字符的个数。

Mid 函数的使用效果如图 4-41 所示。

	A	B	C	D
1	数据	I LOVE Excel!		
2	函数	=MID(B1,1,7)	=MID(B1,3,10)	=MID(B1,8,10)
3	结果	I LOVE	LOVE Excel	Excel!
4	说明	从左边第1个字符起，取7个字符	从左边第3个字符起，取10个字符	从左边第8个字符起，所取字符的长度（10）大于文本剩余的长度（6），则返回剩余文本

图 4-41　Mid 函数的使用效果

> **小技巧**　Mid 函数的功能完全可以使用 Left 函数和 Right 函数嵌套来实现。如 Mid(B1,3,4)，可以使用 Right(Left(B1,6),4)来实现，同理也可以通过 Left 函数嵌套 Right 函数实现，效果完全相同。

4.2.5　文本替换函数：Replace/Substitute

说到文本替换，用户不难想到"替换"功能（组合键 Ctrl+H），两者的确在功能上有一定的类似。其实 Excel 除此之外，还提供了文本替换函数，常用的文本替换函数有指定位置的文本替换函数 Replace 和指定字符的文本替换函数 Substitute。

1. 指定位置的文本替换函数 Replace

Replace 函数相对于"替换"功能来说，可以在不改变原始数据的前提下将数据替换为目标内容，用于将文本字符串中指定起始位置和指定长度的文本，替换为指定文本。该函数的语法结构为：

Replace(old_text,start_num,num_chars,new_text)

该函数参数的含义如下：

- old_text：要被 new_text 替换的原文本字符串。
- start_num：要用 new_text 替换的 old_text 中字符的起始位置。
- num_chars：使用 new_text 替换 old_text 中的具体字符个数。
- new_text：用于替换 old_text 中字符的新文本字符串。

Replace 函数的使用效果如图 4-42 所示。

	A	B	C	D
1	数据	我爱Excel!		
2	函数	colspan="3" =REPLACE(B1,3,5,"数据处理")		
3	结果	我爱数据处理!		
4	说明	用字符串"数据处理"将B1里的内容从第3个字符开始，长度为5的字符串替换掉		

图 4-42　Replace 函数的使用效果

2. 指定字符的文本替换函数 Substitute

Substitute 函数用于将原字符串中的指定文本替换为新文本。该函数与 Replace 函数功能相似，都是用于对文本字符串中的字符进行替换，但也有本质区别。其中，Substitute 函数是将指定字符替换为新的字符，替换的是原字符串中的指定字符，与字符在字符串中的位置无关。而 Replace 函数是将原文本字符串中的指定位置与指定长度进行替换，与具体是哪个字符无关，仅与其所在的位置和长度有关。该函数的语法结构为：

Substitute(text,old_text,new_text,[instance_num])

该函数参数的含义如下：

- text：包含要被 new_text 替换文本的原文本字符串。
- old_text：原文本字符串中要被替换的文本。
- new_text：用于替换参数 old_text 的新文本。
- [instance_num]：当参数 text 中有多个 old_text 时，参数 instance_num 指定要用参数 new_text 替换参数 old_text 的具体开始位置。若指定了参数 instance_num，则只有满足要求的 old_text 被替换。否则文本中出现的所有 old_text 都被替换。

Substitute 函数的使用效果如图 4-43 所示。

	A	B	C	D
1	数据	我爱Excel，因为Excel很强大！		
2	函数	=SUBSTITUTE(B1,"Excel","数据处理")	=SUBSTITUTE(B1,"Excel","数据处理",2)	
3	结果	我爱数据处理，因为数据处理很强大！	我爱Excel，因为数据处理很强大！	
4	说明	用文本"数据处理"将B1里"Excel"全部替换	用文本"数据处理"将B1里的第2处出现的"Excel"文本进行替换，而其他"Excel"文本不受影响	

图 4-43 Substitute 函数的使用效果

4.2.6 求字符位置函数：Find/Search

在 Excel 数据处理过程中，有时需要在一个长字符串中查找某特定字符出现的位置，以便在此基础上完成后续数据处理，这时就需要使用字符位置函数来完成。

1. 字符查找函数 Find

Find 函数可以在文本字符串中查找指定的文本字符串，并从查找字符串的首字符开始返回在被查找字符串中的起始位置编号。Find 函数在使用过程中区分字符大小写，且不支持通配符。该函数的语法结构为：

Find(find_text,within_text,start_num)

该函数参数的含义如下：

- find_text：待查找的目标文本字符串。若 find_text 是空文本（""），则 find 会匹配搜索串中的首字符（即编号为 start_num 为 1 的字符），且 find_text 参数中不能包含通配符。
- within_text：包含待查找文本的源文本字符串。若 within_text 中没有 find_text，则 find 返回错误值"#value!"。

- start_num：指定从其开始进行查找的字符。若忽略 start_num，则默认其为 1。若 start_num 不大于 0，则函数返回错误值"#value!"。若 start_num 大于 within_text 的长度，则函数返回错误值"#value!"。

Find 函数的使用效果如图 4-44 所示。

	A	B	C	D	E	F	G	H	I	J	K
1	数据						Excel函数功能E常强大				
2	函数	=FIND("函数",B1)		=FIND("E",B1,1)		=FIND("E",B1,3)		=FIND("A","EXCEL宝典A版-2018a")		=FIND("a","EXCEL宝典A版-2018a")	
3	结果	6		1		10		8		15	
4	说明	第三个参数省略表示从第1个字符开始查找		参数1表示从第1个字符开始查找		参数3表示从第3个字符开始查找。FIND总是从within_text的起始处返回字符编号，如果start_num大于1,也会对跳过的字符进行计数，所以结果仍然为10			A与a结果不同说明函数区分大小写		

图 4-44　Find 函数的使用效果

> **小技巧**　在 Find 函数中，使用 start_num 可跳过指定数目的字符。Find 函数总是从 within_text 的起始处返回字符编号，即使 start_num 大于 1,也会对跳过的字符进行计数。如=Find("i","Hi China",3)，返回结果为 6。

2. 字符查找函数 Search

Search 函数用于指定字符定位查找，返回从 start_num 开始首次找到指定字符或文本字符串的位置编号。用户可以使用 Search 确定字符或文本字符串在另一个文本字符串中的位置，然后结合使用 Mid 函数和 Replace 函数替换文本。Search 函数与 Find 函数的区别在于，前者支持使用通配符，且不区分字符大小写，而后者反之。

该函数的语法结构为：

Search(find_text,within_text,start_num)

该函数参数的含义如下：

- find_text：要查找的文本字符串，支持使用问号"?"和星号"*"通配符。其中，"?"可匹配任意单个字符，"*"可匹配任意多个字符。如果要查找实际的问号或星号，应当在该字符前键入波浪线"~"。
- within_text：要在其中查找 find_text 的文本字符串。
- start_num：参数 within_text 中开始查找字符的编号，若忽略 start_num，则默认其为 1。

Search 函数的使用效如图 4-45 所示。

	A	B	C	D	E	F	G	H	I	J	K
1	数据						Excel函数功能E常强大				
2	函数	=SEARCH("函数",B1)		=SEARCH("E",B1,1)		=SEARCH("E",B1,3)		=SEARCH("A","EXCEL宝典A版-2018a")		=SEARCH("a","EXCEL宝典A版-2018a")	
3	结果	6		1		4		8		8	
4	说明	第三个参数省略，表示从第1个字符开始查找		参数1表示从第1个字符开始查找		参数3表示从第3个字符开始查找。FIND总是从within_text的起始处返回字符编号，若start_num大于1，也会对跳过的字符进行计数，所以结果仍为4			A与a结果不同说明函数不区分大小写		

图 4-45　Search 函数的使用效果

4.2.7　文本数值转换函数：Value/Text

数据处理过程中，有时需要将文本型的数值转换为可以参与数学运算的数值，或者将数值转换成文本，这就需要文本数值转换函数来完成。在 Excel 中，文本数值转换函数主要有文本转数值函数 Value 和数值转文本函数 Text。

1. 文本转数值函数 Value

在日常工作中，时常会遇到文本型的数值（如身份证号），若要其参与数学计算，就需要使用 Value 函数来强制转为数据类型。该函数的语法结构为：

Value(text)

该函数参数的含义如下：

- text：文本格式的数值或单元格引用，可以是 Excel 能够识别的任意常数、日期或时间格式。如果 text 不属于上述格式，则 value 函数返回错误值"#value!"。

Value 函数的使用效果如图 4-46 所示。

	A	B	C	D	E	F	G	H	I
1	数据	2018/4/28	12:16:00	68%	¥300.00	$ 800.00	1/4		数据处理
2	函数	=VALUE(B1)	=VALUE(C1)	=VALUE(D1)	=VALUE(E1)	=VALUE(F1)	=VALUE(G1)	=VALUE(H1)	=VALUE(I1)
3	结果	43218	0.5111111	0.68	300	800	0.25	0	#VALUE!
4	说明	日期转换为数字	时间转换为数字	百分数转换为数字	货币数字转换为数字	会计专用数字转换为数字	分数转换位数字	空单元格转换为数字	非数字文本显示#value!

图 4-46 Value 函数的使用效果

> **小技巧** 通过网络或者粘贴的数据，往往会出现文本型数值，这时用户可以通过 Value 函数来完成数据转换。同时，用户也可以尝试对其进行加 0 或者乘 1 的数学运算方法来处理。

2. 数值转文本函数 Text

Text 函数是与 Value 函数相对应的一种数据类型转换函数，Value 函数能将文本转换为数值，而 Text 函数则能将数值转换为指定格式表示的文本。Text 函数的功能非常强大，有着多种格式形式，不过要想运用好它，还需要用户首先掌握自定义格式的相关知识。该函数的语法结构为：

Text(value,format_text)

该函数参数的含义如下：

- value：数值、计算结果是数值的公式，或者对数值单元格的引用。
- format_text：所要指定的文本型数字格式，即"开始"→"设置单元格格式"→"数字"→"分类"列表框中显示的格式。

Text 函数针对数值型和日期时间型格式以及其他方法的使用效果分别如图 4-47、图 4-48 和图 4-49 所示。

> **小技巧** 使用"设置单元格格式"对话框的"数字"选项卡设置单元格格式，只会改变单元格的格式而不会影响其中的数值。使用函数 Text 可以将数值转换为带格式的文本，其计算结果将不再作为数值参与计算。

格式符号	格式符号的含义	数值	结果	公式显示
#	显示有效位数。当数值的位数少于格式"#"时，无需保持与位数格式一致，数值按原样显示，不显示多余的0。如是小数，不足位显示位数的数值被四舍五入	123.456	123.46	=TEXT(J19,"####.##")
0	当数值的位数少于格式的0时，不足位数显示0。如果是小数，不足显示位数的数值被四舍五入	123.456	0123.46	=TEXT(J20,"0000.00")
?	为了用固定宽度字体对齐位数不同的小数而对准小数点的位置。如果小数不足显示位数的数值被四舍五入	12.3456	12.346	=TEXT(J21,"???.???")
.(句号)	表示小数点	12345	12345.000	=TEXT(J22,"###.000")
,(逗号)	附加千位分隔符	12345	12,345	=TEXT(J23,"###,###")
	在数值末尾附加上一个逗号时，则用千单位显示，不足显示位数的数值被四舍五入	12345	12345.00千元	=TEXT(J24,"0.00千元")
	在数值末尾附加上两个逗号时，则用百万单位显示，不足显示位数的数值被四舍五入	12346	0.01百万元	=TEXT(J25,"0.00,,百万元")
%	设置为百分比显示	0.5	50%	=TEXT(J26,"0%")
¥	附加¥符号	12345	¥12345	=TEXT(J27,"¥#####")
$	附加$符号	12345	$12345	=TEXT(J28,"$#####")
/	表示分数	0.5	1/2	=TEXT(J29,"##/##")

图 4-47　Text 函数数值格式用法

格式符号	格式符号的含义	数值	结果	公式显示
hh	表示时分秒的"时"的部分，不足两位时在第一位上补充0	8:30:06	08	=TEXT(J33,"hh")
h	表示时分秒的"时"的部分，不足两位时在第一位上补充0	8:30:06	8	=TEXT(J34,"h")
ss	表示时分秒的"秒"的部分，不足两位时在第一位上补充0	8:30:06	06	=TEXT(J36,"ss")
s	表示时分秒的"秒"的部分	8:30:06	6	=TEXT(J37,"s")
AM/PM	凌晨0点至中午前附加"AM"，中午至凌晨0点前附加"PM"	8:30:06	8:30 AM	=TEXT(J38,"h:m AM/PM")
[]	表示经历的时间,[h]表示小时,[mm]表示分钟,[ss]表示秒钟	8:30:06	510:06	=TEXT(J39,"[mm]:ss")
yyyy	用四位数表示公历纪年	2012/10/18	2012	=TEXT(J40,"yyyy")
yy	用后两位数表示公历纪年	2012/10/18	12	=TEXT(J41,"yy")
m	用数值表示月份	2012/10/18	10	=TEXT(J46,"m")
mmmm	用英文表示月份	2012/10/18	October	=TEXT(J47,"mmmm")
mmm	用英文缩写表示月份	2012/10/18	Oct	=TEXT(J48,"mmm")
dd	用两位数的数值表示日期，不足两位数时在第一位加0	2012/10/2	02	=TEXT(J49,"dd")
d	用数值表示日期	2012/10/2	2	=TEXT(J50,"d")
aaaa	表示星期	2012/10/18	星期四	=TEXT(J51,"aaaa")
aaa	用缩写方式表示星期	2012/10/18	四	=TEXT(J52,"aaa")
dddd	用英语表示星期	2012/10/18	Thursday	=TEXT(J53,"dddd")
ddd	用英语缩写方式表示星期	2012/10/18	Thu	=TEXT(J54,"ddd")

图 4-48　Text 函数日期时间格式用法

格式符号	格式符号的含义	数值	结果	公式显示
G/通用格式	输入的字符按原样显示	123450	123450	=TEXT(J58,"G/通用格式")
[DBNum1]	用小写汉字数字（一、二）和位（十、百）表示	123450	一十二万三千四百五十	=TEXT(J59,"[DBNum1]")
[DBNum1]###0	用小写汉字数字（一、二）表示	123450	一二三四五〇	=TEXT(J60,"[DBNum1]###0")
[DBNum2]	用大写数字（壹、贰）和位（十、百）表示	123450	壹拾贰万叁仟肆佰伍拾	=TEXT(J61,"[DBNum2]")
[DBNum2]###0	用大写数字（壹、贰）表示	123450	壹贰叁肆伍零	=TEXT(J62,"[DBNum2]###0")
[DBNum3]	用全角数字（一、二）和位（十、百）表示	123450	１＋２万３千４百５十	=TEXT(J63,"[DBNum3]")
;(分号)	以[正;负]的格式指定正负的显示格式	12345	12345	=TEXT(J65,"##;(##)")
_(下划线)	空出"_"之后的字符大小的间隔，用来对齐位数	12345	12,345 $	=TEXT(J66,"#,###_-$;####-$")

图 4-49　Text 函数其他格式用法

4.3 日期时间函数

在日常工作中，日期时间是时常用到的一种数据类型。针对该数据类型，Excel 提供了功能丰富的日期时间函数，用于对日期时间数据类型数据进行计算。Excel 支持 1900 年和 1904 年两种日期系统，软件默认为 1900 年日期系统，在无特别声明的情况下，本书全部采用 1900 年日期系统。用户也可以根据个人需要更改设置，但不提倡该做法。

4.3.1 基础日期时间函数：Today/Now/Weekday

日期时间函数是针对日期时间型数据用于计算其对应的年份、月份、星期和时间间隔等多种日期时间相关的操作，在日常工作中时常会被使用。

1. 系统日期函数 Today

Today 函数作为 Excel 最常用函数之一，可以非常便捷地输入当前系统日期，以及以此为基础进行各种日期计算。Today 函数是一个无参数函数，功能为返回系统当前日期的序列号，重新打开文件或是按下 F9 键，可更新 Today 函数返回的日期。该函数的语法结构为：

Today()

Today 函数的使用效果如图 4-50 所示。

	A	B
1	数据	无
2	函数	=TODAY()
3	结果	2018/4/15
4	说明	返回系统的当前日期

图 4-50 Today 函数的使用效果

> **小技巧** 使用 Today 函数输入的日期，会随系统日期自动更新。若用户不允许日期自动更新时，可以按组合键 Ctrl+; 来输入当前日期，使用此方法的缺点是不可以作为序列号进行加、减等数学运算。

2. 系统时间函数 Now

Now 函数是与 Today 函数相对应的函数，两者都是无参数函数，前者显示当前系统时间，后者显示当前系统日期。Now 函数的语法结构为：

Now()

Now 函数的使用效果如图 4-51 所示。

	A	B	C	D
1	数据	无	无	无
2	函数	=NOW()	=NOW()	=NOW()
3	结果	8:19:08	2018/4/25 8:19	2018/4/25
4	说明	将单元格设为时间格式，返回系统的当前时间	将单元格设为自定义格式"yyyy/m/d h:mm"，返回系统的当前日期和时间	将单元格设为日期格式，返回系统的当前日期

图 4-51　Now 函数的使用效果

小技巧　由于 Now 函数返回的当前时间为序列号，可以进行加、减运算，所以重新打开文件或是按下 F9 键也可随系统时间更新。用户也可以使用组合键 Ctrl+Shift+；输入系统时间。

3．星期函数 Weekday

在日常数据处理过程中，时常会针对某一个日期对应的星期来进行数据分析，那么这时就需要首先通过日期获取星期数据。Excel 提供了计算星期的 Weekday 函数，用户可以通过它来实现日期到星期的转换。在默认情况下，该函数的返回值为 1（星期天）到 7（星期六）之间的一个整数。该函数的语法结构为：

Weekday(serial_number,return_type)

该函数参数的含义如下：

- serial_number：参与计算的日期型数据。如带引号的文本串、系列数、公式或函数的计算结果等。当指定的"serial_number"值无法识别为日期时,函数返回错误值"#value!"。

- return_type：用于确定返回值类型的数字。其中，该参数为数字 1 或省略时，返回数字 1 到 7，代表星期天到星期六。参数为数字 2 时，返回 1 至 7，代表星期一到星期天。考虑到其他类型的数字使用频率低，这里不再介绍，用户可以参照 Excel 系统帮助。

Weekday 函数的使用效果如图 4-52 所示。

	A	B	C	D
1	数据	2018-04-25	2018-04-25	2018-04-25
2	函数	=WEEKDAY(B1,1)	=WEEKDAY(C1,2)	=TEXT(WEEKDAY(D1,1),"aaaa")
3	结果	4	3	星期三
4	说明	数字1或省略，则1至7代表星期日到数星期六，结果为4	数字2，则1至7代表星期一到星期日，结果为3	结合Text函数，显示指定格式的星期，结果为星期三

图 4-52　Weekday 函数的使用效果

小技巧　用户可以使用 Text 函数嵌套 Weekday 函数显示更多格式，如 Text(Weekday("2018/4/25"),"aaaa")，显示的结果为"星期三"。同时，用户也可以通过设置单元格格式（组合键 Ctrl+1）的日期类型来选择更多格式。

4.3.2 年月日函数：Year/Month/Day

日常工作中，经常会用到将日期型数据转化为对应的年、月、日等信息，进而参与后期的数据计算。Excel 提供了相应的年月日函数，合理运用这组函数，可以大幅度提高工作效率。

1. 年份函数 Year

Year 函数是 Excel 最常用函数之一，利用它可以非常方便地从日期中提取出"年"，年的取值范围是整数 1900～9999。该函数的语法结构为：

Year(serial_number)

该函数参数的含义如下：

- serial_number：参与计算的日期型数据。如带引号的文本串、系列数、公式或函数的计算结果等。当指定的"serial_number"值无法识别为日期时，函数返回错误值"#value!"。

Year 函数的使用效果如图 4-53 所示。

	A	B	C	D
1	数据	2018/4/25		43215
2	函数	=YEAR(B1)	=YEAR(C1)	=YEAR(D1)
3	结果	2018	1900	2018
4	说明	将日期型数据中的年取出来	空值，默认为1900年	系列值，转化为日期，然后提取出年

图 4-53　Year 函数的使用效果

2. 月份函数 Month

Month 函数是 Excel 常用函数之一，与 Year 函数相对应。使用该函数可以方便地从日期型数据中提取出"月"，月的取值范围是整数 1～12。该函数的语法结构为：

Month(serial_number)

该函数参数的含义如下：

- serial_number：参与计算的日期型数据。如带引号的文本串、系列数、公式或函数的计算结果等。当指定的"serial_number"值无法识别为日期时，函数返回错误值"#value!"。

Month 函数的使用效果如图 4-54 所示。

	A	B	C	D
1	数据	2018/4/25		43215
2	函数	=MONTH(B1)	=MONTH(C1)	=MONTH(D1)
3	结果	4	1	4
4	说明	将日期型数据中的月取出来	空值，默认为1900年1月	系列值，转化日期，然后把月提取出来

图 4-54　Month 函数的使用效果

3. 天数函数 Day

Day 函数是与 Year 函数、Month 函数相对应的又一个日期函数。使用该函数可以方便地从日期型数据中提取出"日"，取值范围为整数 1 到 31。该函数的语法结构为：

Day(serial_number)

该函数参数的含义如下：

- serial_number：参与计算的日期型数据。如带引号的文本串、系列数、公式或函数的计算结果等。当指定的"serial_number"值无法识别为日期时，函数返回错误值"#value!"。

Day 函数的使用效果如图 4-55 所示。

	A	B	C	D
1	数据	2018/4/25		43215
2	函数	=DAY(B1)	=DAY(C1)	=DAY(D1)
3	结果	25	0	25
4	说明	将日期型数据中的天取出来	空值，默认为1900年的第0天	系列值，转化为日期，然后提取出天数

图 4-55　Day 函数的使用效果

4.3.3　时分秒函数：Hour/Minute/Second

在日常工作中，在使用日期的同时，自然也会使用到时间。Excel 提供了多种时间函数，对日期时间型数据进行计算。

1. 小时函数 Hour

Hour 函数是用于从日期时间型数据中提取出"时"，其值为 0~23 之间的整数，表示时间中的某一时钟点。该函数的语法结构为：

Hour(serial_number)

该函数参数的含义如下：

- serial_number：参与计算的日期时间值，其中包含要查找的小时，支持带引号的文本字符串、十进制数或其他公式或函数的结果。

Hour 函数的使用效果如图 4-56 所示。

	A	B	C	D
1	数据	2018/4/25 8:22		
2	函数	=HOUR(B1)	=HOUR("9:20")	=HOUR(9:20)
3	结果	8	9	#VALUE!
4	说明	将日期时间型数据中的小时取出来	将文本型时间数据中的小时取出来	如果是数值型的时间数据，则会出错显示#VALUE!

图 4-56　Hour 函数的使用效果

2. 分钟函数 Minute

Minute 函数与 Hour 函数相对应，用于从日期时间型数据中提取出"分"，其值为 0~59 之间的整数，表示时间中的分钟数。该函数的语法结构为：

Minute(serial_number)

该函数参数的含义如下：

- serial_number：参与计算的日期时间值，其中包含要查找的分钟，支持带引号的文本字符串、十进制数、其他公式或函数的结果。

Minute 函数的使用效果如图 4-57 所示。

	A	B	C	D
1	数据	2018/4/25 8:23		
2	函数	=MINUTE(B1)	=MINUTE("2018/4/15 9:22")	=MINUTE(9:22)
3	结果	23	22	#VALUE!
4	说明	将日期时间型数据中的分钟取出来	将文本型时间数据中的分钟取出来	如果是数值型的时间数据，则会出错显示#VALUE!

图 4-57　Minute 函数的使用效果

3. 秒钟函数 Second

Second 函数是与 Hour 函数和 Minute 函数相对应的又一时间函数，用于从日期时间型数据中提取出"秒"，其值为 0 到 59 之间的整数，表示时间中的秒数。该函数的语法结构为：

Second(serial_number)

该函数参数的含义如下：

- serial_number：参与计算的日期时间值，其中包含要查找的秒钟，支持带引号的文本字符串、十进制数或其他公式或函数的结果。

Second 函数的使用效果如图 4-58 所示。

	A	B	C	D
1	数据	8时24分11秒		
2	函数	=SECOND(B1)	=SECOND("9:30:30")	=SECOND(9:30:30)
3	结果	11	30	
4	说明	将时间型数据中的秒取出来	将文本型时间数据中的秒取出来	如果是数值型的时间数据，则会显示输入公式有误

图 4-58　Second 函数的使用效果

4.3.4　日期转换函数：Date/Datevalue

在日常工作中，时常会遇到 8 位数字的日期格式（如 20180526），但这种格式日期不方便进行日期计算。Excel 为用户提供了日期转换函数，借助于这类函数可以轻松解决上述问题。

1. 数值转日期函数 Date

Date 函数是将数值型数据转换为日期的函数，用于将年 year、月 month、日 day 三个参数合并，转换为完整的日期格式，进而返回日期型数值。该函数的语法结构为：

Date(year,month,day)

该函数参数的含义如下：

- year：以整数形式指定日期"年"部分的数值，取值为 1~4 位数字。当存储参数为 1 时，表示 1900 年 1 月 1 日，而后以此类推。

- month：以整数形式指定日期"月"部分的数值,或者指定单元格引用。若指定数大于 12，则被视为下一年的 1 月之后的数值。若指定的数值小于 0，则被视为指定了前一个年份。
- day：以整数形式指定日期"日"部分的数值，或者指定单元格引用。若指定数大于月份的最后一天，则被视为下一月份的 1 日之后的数值。若指定的数值小于 0，则被视为指定了前一个月份。

Date 函数的使用效果如图 4-59 所示。

	A	B	C	D
1	数据	2018	6	8
2	函数	=DATE(B1,C1,D1)	=DATE(B1,14,D1)	=DATE(B1,-3,D1)
3	结果	2018年6月8日	2019年2月8日	2017年9月8日
4	说明	将B1,C1,D1的内容合并为完整的日期格式	将B1,14,D1的内容合并为完整的日期格式，由于月份的值大于12，故向后推迟1（14除以12取整）年，月份变为2（14除以12取余）月	将B1,-3,D1的内容合并为完整的日期格式，由于月份的值小于0，故向前借1（3除以12取整+1）年，月份变为9（12-3除以12取余）月

图 4-59 Date 函数的使用效果

2. 日期转数值函数 Datevalue

Datevalue 函数与 Date 函数相似，都是 Excel 中重要的日期转换函数。该函数用于将以文本表示的日期转换成日期序列数，然后用户可以通过单元格格式设置，将其显示为日期。该函数的语法结构为：

Datevalue(date_text)

该函数参数的含义如下：

- date_text：以文本的形式指定的日期。

Datevalue 函数的使用效果如图 4-60 所示。

	A	B	C	D
1	数据	2018-6-21	2018-16-21	2018-6-32
2	函数	=DATEVALUE(B1)	=DATEVALUE(C1)	=DATEVALUE(D1)
3	结果	43272.00	#VALUE!	#VALUE!
4	说明	将以文字表示的日期转换成系列数	将字表示的日期中出现了月份大于12的现象，故出现错误	将字表示的日期中出现了天数大于31的现象，故出现错误

图 4-60 Datevalue 函数的使用效果

> **小技巧**　Datevalue 函数引用的单元格参数，必须是文本格式的日期。即通过输入单引号"'"后又输入的日期，如"2018/05/02"。或者是将单元格设置成文本格式，再输入的日期。

4.3.5 日期间隔函数：Datedif/Edate/Workday

日常工作中，时常会计算两个日期之间相差的天数、月数或年数，如根据出生日期计算年龄。Excel 提供了日期间隔函数，专门来处理此类问题。

1. 日期间隔函数 Datedif

Datedif 函数是 Excel 常用函数之一，但也是一个十分特殊的隐性函数，用于计算两个日期之间的天数、月数或年数。Datedif 并不出现在函数列表里，需要用户手动输入，所以要使用该函数必须牢记其使用方法。该函数的语法结构为：

Datedif(start_date,end_date,unit)

该函数参数的含义如下：

- start_date：用于表示时间段的起始日期，支持带引号的文本串、系列数、公式或函数的计算结果等。
- end_date：用于表示时间段的结束日期，支持带引号的文本串、系列数、公式或函数的计算结果等。
- unit：要返回的日期间隔单位代码。其中，"y"返回时间段中的整年数，"m"返回时间段中的整月数，"d"返回时间段中的天数，"yd"返回两个日期部分之差，忽略两个日期中的年份。考虑到其他单位代码使用频率低，这里不再介绍，用户可以参照 Excel 系统帮助。

Datedif 函数的使用效果如图 4-61 所示。

	A	B	C	D
1	数据	2018-06-29	2020-08-09	
2	函数	=DATEDIF(B1,C1,"y")	=DATEDIF(B1,C1,"ym")	=DATEDIF(B1,C1,"yd")
3	结果	2	1	41
4	说明	计算满年数，结束日期与开始日期相差2年	计算不满一年的月数，结束日期与开始日期相差1月	计算不满一年的天数，结束日期与开始日期相差41天

图 4-61　Datedif 函数的使用效果

2. 日期推算函数 Edate

Edate 函数用于计算从一个开始日期算起，数月之后或之前的日期，且返回该日期。该函数的语法结构为：

Edate(start_date,months)

该函数参数的含义如下：

- start_date：一个代表开始计算的日期，支持带引号的文本串、系列数、公式或函数的计算结果等。
- months：参数 start_date 之后或之前的月份数。当 months 为正值时，函数返回未来的日期；为负值时，函数返回过去日期。

Edate 函数的使用效果如图 4-62 所示。

	A	B	C	D
1	数据	2018-04-25		
2	函数	=EDATE(B1,4)	=EDATE(B1,-4)	=EDATE(B1,4)
3	结果	2018-08-25	2017-12-25	43337
4	说明	将日期向后推4个月	将日期向前推4个月	单元格没有设置为日期格式，显示为日期序列

图 4-62　Edate 函数的使用效果

> **小技巧**：当单元格输入数字显示格式为"常规"时，返回值以表示日期的数值（序列号值）的形式显示。要转换成日期显示，必须通过"设置单元格格式"对话框，将数字显示格式设置为日期格式。

3. 工作日推算函数 Workday

Workday 函数是计算指定日期之前（或之后），与该日期相隔指定数量工作日的日期推算。工作日不包括周末和专门指定的假日。在日常工作中，常见的手续交接日期、发票到期日和项目核算日期等，均可以使用 Workday 函数来扣除周末或假日。该函数的语法结构为：

Workday(start_date,days,[holidays])

该函数参数的含义如下：

- start_date：一个代表开始的日期。
- days：start_date 之前或之后不含周末及节假日的天数。当 days 为正值时，函数返回未来的日期；为负值，函数返回过去日期。
- [holidays]：一个可选列表，其中包含需要从工作日历中排除的一个或多个日期。该列表可以是包含日期的单元格区域，也可以是由代表日期的序列号所构成的数组常量。

Workday 函数的使用效果如图 4-63 所示。

	A	B	C	D	E
1	数据	2020/2/3	2020/2/5	2020/2/6	2020/2/8
2	函数	=WORKDAY(B1,7)	=WORKDAY(B1,7,"2020/2/5")	=WORKDAY(B1,7,C1:D1)	=WORKDAY(B1,7,C1:E1)
3	结果	2020/2/12	2020/2/13	2020/2/14	2020/2/14
4	说明	7个工作日后的日期	扣除2020/2/5一天法定假期	扣除2020/2/5和2020/2/6两天法定假期	扣除含一天是周末的假期

图 4-63 Workday 函数的使用效果

4.4 查找与引用函数

在 Excel 中提到查找，很容易想到"查找"（组合键 Ctrl+F）功能，该功能可以实现数据的查找定位，但具有一定的局限性。为了进一步丰富软件的查找功能，Excel 又引入了查找与引用函数。用户通过灵活使用该函数组，可以完成更为复杂的数据计算。

4.4.1 基础查找与引用函数：Row/Column/Offset

Excel 单元格是由列号和行号组合而成的，对于任何一个单元格而言，都有相应的行列号。Excel 提供了 Row 函数和 Column 函数，分别用于计算单元格的行号和列号。

1. 行位置函数 Row

Row 函数是 Excel 基础函数之一，用于返回指定单元格引用的行号。可以使用该函数来快速生成记录序号。其语法结构为：

Row(reference)

该函数参数的含义如下:

- reference：需要计算行号的单元格或单元格区域，不支持多区域引用。若省略 reference，则默认是对 Row 函数所在单元格的引用。若 reference 为一个单元格区域，且 Row 作为垂直数组输入，则 Row 将以垂直数组的形式返回 reference 的行号。

Row 函数的使用效果如图 4-64 所示。

	A	B	C	D
1	数据			
2	函数	=ROW(B1)	=ROW()	=ROW(B2:D2)
3	结果	1	2	2
4	说明	B1单元格所在的行	省略参数，则表示对函数ROW所在单元格的引用的行号	参数作为一个单元格区域，并且函数ROW不作为垂直数组输入，则只有一个值

图 4-64　Row 函数的使用效果

2. 列位置函数 Column

Column 函数是与 Row 函数相对应的求列号的函数，用于返回指定单元格引用的列号。该函数的语法结构为：

Column(reference)

该函数参数的含义如下：

- reference：需要计算列号的单元格或单元格区域，不支持多区域引用。若省略 reference，则默认是对 Column 函数所在单元格的引用。若 reference 为一个单元格区域，且 Column 作为水平数组输入，则 Column 将以水平数组的形式返回 reference 的列号。

Column 函数的使用效果如图 4-65 所示。

	A	B	C	D
1	数据			
2	函数	=COLUMN(B1)	=COLUMN()	=COLUMN(B2:B4)
3	结果	2	2	2
4	说明	B1单元格所在的列	省略参数，则表示对函数COLUMN所在单元格的引用的列号	参数作为一个单元格区域，并且函数COLUMN不作为垂直数组输入，则只会默认返回顺序第一列列数值

图 4-65　Column 函数的使用效果

3. 位置偏移函数 Offset

Offset 函数可以从指定的基准位置，按行、列偏移量返回指定的单元格或单元格区域。该函数的语法结构为：

Offset(reference,rows,cols,[height],[width])

该函数参数的含义如下：

- reference：作为偏移基准的参照，该引用必须为单元格地址或相邻单元格区域。
- rows：作为 reference 在列方向上向下或向上移动的行数。rows 为正数时，表示向下移动；为负数时，表示向上移动。
- cols：作为 reference 在行方向上向右或向左移动的列数。cols 为正数时，表示向右移动；为负数时，表示向左移动。

- [height],[width]：height 表示需要返回引用的行高，width 表示需要返回引用的列宽。

Offset 函数的使用效果如图 4-66 所示。

	A	B	C	D	E	F	G
1	数据1	1	2	3	4	5	6
2	数据2	4	5	6	7	8	9
3	函数	=OFFSET(B1,1,2)		=OFFSET(E2,-1,-2)		=SUM(OFFSET(B1:C1,1,1))	
4	结果	6		2		11	
5	说明	单元格B1向下移动1行，向右移动2列		单元格E2向上移动1行，向左移动2列		对B1:C1向下移动1行，向右移动1列的区域求和	

图 4-66　Offset 函数的使用效果

4.4.2　行列数函数：Rows/Columns

在针对单元格区域计算时，Row 函数和 Column 函数返回的是第一个单元格的行、列号。日常工作中，更多情况是要求返回单元格区域的行、列数量，而非是第一个单元格的行、列号。Excel 又提供了 Rows 函数和 Columns 函数，来解决此类问题。

1. 行数函数 Rows

Rows 函数用于返回单元格区域引用或数组的总行数。从函数外观上来看，Rows 函数和 Row 函数很像，当功能上有着明显区别。Rows 函数返回的单元格区域或常量数组的总行数，同时也支持单个单元格参数，对单个单元格求 Rows 时返回值为1。而 Row 函数返回的是单元格或单元格区域的行号，而非数据行的数量。Rows 函数的语法结构为：

Rows(array)

该函数参数的含义如下：

- array：要计算行数的数组、数组公式或对单元格区域的引用。

Rows 函数的使用效果如图 4-67 所示。

	A	B	C	D
1	数据			
2	函数	=ROWS(B1:D4)	=ROWS(B1:D2)	=ROWS(B3)
3	结果	4	2	1
4	说明	从B1到D4共4行	从B1到D2共2行	只有一个单元格，所以只有1行

图 4-67　Rows 函数的使用效果

2. 列数函数 Columns

Columns 函数是与 Rows 函数相对应的函数，用于计算单元格区域引用和数组的列数。Columns 函数和 Column 函数的区别，类似于 Rows 函数和 Row 函数，用户可以对比来学习。该函数的语法结构为：

Columns(array)

该函数参数的含义如下：

- array：要计算列数的数组、数组公式或是对单元格区域的引用。

Columns 函数的使用效果如图 4-68 所示。

	A	B	C	D
1	数据			
2	函数	=COLUMNS(B1:D4)	=COLUMNS(B1:C2)	=COLUMNS(B3)
3	结果	3	2	1
4	说明	从B1到D4共3列	从B1到C2共2列	只有一个单元格，所以只有1列

图 4-68 Columns 函数

4.4.3 查找定位函数：Lookup/Vlookup/Hlookup

在 Excel 中提到查找定位，用户很容易想到"查找"（组合键 Ctrl+F）和定位条件（组合键 Ctrl+G）功能，虽然这两项功能十分常用，但存在一定的局限。Excel 还提供了查找定位函数，用于根据指定条件来完成指定的查找与定位。

1. 数据定位函数 Lookup

Lookup 函数是 Excel 常用函数之一，用于从一列、一行或数组中查找一个值。函数 Lookup 有向量和数组两种语法形式。函数的向量形式是在单列区域或单行区域（向量）中查找数值，然后返回第二个单列区域或单行区域中相同位置的数值。函数的数组形式是在数组的第一列或第一行查找指定的数值，然后返回数组的最后一列或最后一行中相同位置的数值。函数 Lookup 向量形式的语法结构为：

Lookup(lookup_value,lookup_vector,result_vector)

其参数含义如下：

- lookup_value：所要查找的数值，可以为数字、文本、逻辑值、包含数值的名称或引用。
- lookup_vector：包含一列或一行的数据查找区域，支持文本、数字或逻辑值。这里需要注意的是，lookup_vector 参数的数值必须按升序排序，否则函数不能返回正确结果。同时，该函数中文本不区分大小写。
- result_vector：包含一列或一行的返回结果区域，该区域大小必须与 lookup_vector 参数相一致。

Lookup 函数向量形式的使用效果如图 4-69 所示。

	A	B	C	D	E
1		停车时长	地点	金额	90
2		30	南区	10	70
3		60	南区	12	
4	数据	90	西区	14	
5		120	西区	16	
6		150	北区	18	
7		180	北区	20	
8		=LOOKUP(E1,B2:B7,D2:D7)		=LOOKUP(E2,B2:B7,D2:D7)	
9	结果	14		12	
10	说明	在排序序列中，查找到了数据，直接返回对应行数据		在排序序列中，未查找数据，返回比其小的最大数对应行的数据	

图 4-69 Lookup 函数向量形式的使用效果

函数 Lookup 数组形式的语法结构为：

Lookup(lookup_value,array)

其参数含义如下：

- lookup_value：所要查找的数值，可以为数字、文本、逻辑值、包含数值的名称或引用。
- array：包含要与 lookup_value 参数进行比较的文本、数字或逻辑值的单元格区域。

Lookup 函数数组形式的使用效果如图 4-70 所示。

	A	B	C	D	E
1		停车时长	地点	金额	90
2		30	南区	10	70
3		60	南区	12	
4	数据	90	西区	14	
5		120	西区	16	
6		150	北区	18	
7		180	北区	20	
8		=LOOKUP(E1,B2:D7)		=LOOKUP(E2,B2:D7)	
9	结果	14		12	
10	说明	在排序序列中，查找到了数据，直接返回对应行数据		在排序序列中，未查找数据，返回比其小的最大数对应行的数据	

图 4-70 Lookup 函数数组形式的使用效果

小技巧 Lookup 函数向量形式的查找区域中数值必须按照升序排列，否则函数不能返回正确的结果。且在数据比较过程中采用近似匹配，即当未找到查找值时，返回一个小于查找值的最大值所对应的结果。

2. 列定位函数 Vlookup

Vlookup 函数是 Lookup 函数的列查找功能的升级，用于在表格或数值数组的首列查找指定的数据，且返回表格或数组当前行中指定列的值。Vlookup 函数的使用与 Lookup 函数类似，区别在于前者仅支持在首列中查找，同时支持精确匹配。而后者可以在行、列中查找，但只能返回近似匹配结果。该函数的语法结构为：

Vlookup(lookup_value,table_array,col_index_num,range_lookup)

该函数参数的含义如下：

- lookup_value：所要查找的数值，可以为数字、文本、逻辑值、包含数值的名称或引用。
- table_array：需要在其中查找数据的数据表，可以使用单元格区域和对单元格引用的名称。
- col_index_num：在 table_array 中指定的返回匹配值的列序号。当参数为 1 时，返回 table_array 第 1 列中对应的数值；参数为 2 时，返回 table_array 第 2 列中对应的数值，以此类推。
- range_lookup：表示函数是否是近似匹配计算的逻辑值。当为 TRUE 或 1 或省略时，表示支持近似匹配，即当找不到精确匹配值时，返回小于 lookup_value 的最大数值。需要注意的是，使用近似匹配时参数 table_array 数据表必须按查找列进行升序排序（类似于 Lookup 函数用法）。当参数 range_value 为 FALSE 或 0 时，Vlookup 函数返回精确匹配值，如果找不到对应数值，则返回错误值"#N/A"。

Vlookup 函数的使用效果如图 4-71 所示。

	A	B	C	D	E
1		编号	民族	人口数量	4
2	数据	2	蒙古族	5981840	
3		3	回族	5981840	
4		4	藏族	10586087	
5		5	维吾尔族	6282187	
6		6	苗族	10069346	
7		7	彝族	9426007	
8	函数	=VLOOKUP(E1,B2:D7,2,0)		=VLOOKUP(E1,B2:D7,3,0)	
9	结果	藏族		10586087	
10	说明	返回选定区域的第2列		返回选定区域的第3列	

图 4-71 Vlookup 函数的使用效果

> **小技巧** 一般情况下，当用户需要针对列进行查找计算，且要求返回精确匹配值时，必须使用 Vlookup 函数。而要进行近似匹配计算时，则优先使用 Lookup 函数。同时，切记近似匹配计算时，查找区域必须按照升序排序。

3. 行定位函数 Hlookup

Hlookup 函数是 Lookup 函数行查找功能的升级，与 Vlookup 函数相对应。用于在表格或数值数组首行查找指定的数值，并由此返回表格或数组当前列中指定行处的数值。Hlookup 函数与 Lookup 函数的关系，类似 Vlookup 函数与 Lookup 函数的关系。而 Hlookup 函数与 Vlookup 函数的功能类似，前者针对行查找，而后者针对的是列查找，其他用法完全相同。该函数的语法结构为：

Hlookup(lookup_value,table_array,row_index_num,range_lookup)

该函数参数的含义如下：

- lookup_value：所要查找的数值，可以为数字、文本、逻辑值、包含数值的名称或引用。
- table_array：需要在其中查找数据的数据表，可以使用单元格区域和对单元格引用的名称。
- row_index_num：在 table_array 中指定的返回匹配值的行序号。当参数为 1 时，返回 table_array 第 1 行中对应的数值；参数为 2 时，返回 table_array 第 2 行中对应的数值，以此类推。
- range_lookup：表示函数是否是近似匹配计算的逻辑值。当为 TRUE 或 1 或省略时，表示支持近似匹配。当为 FALSE 或 0 时，表示精确匹配值。

Hlookup 函数的使用效果如图 4-72 所示。

	A	B	C	D	E	F	G	H
1	数据	编号	2	3	4	5	6	7
2		民族	蒙古族	回族	藏族	维吾尔族	苗族	彝族
3		人口	5981840	5981840	10586087	6282187	10069346	9426007
4	函数		=HLOOKUP(H4,C1:H3,2,0)			=HLOOKUP(H4,C1:H3,3,0)		4
5	结果		藏族			10586087		
6	说明		返回选定区域的第2行			返回选定区域的第3行		

图 4-72　Hlookup 函数的使用效果

> **小技巧**　当 Hlookup 函数的查找值小于 table_array 第一行中的最小数值时，函数返回错误值"#N/A!"。若 Hlookup 函数找不到查找值，且参数 range_lookup 为 TRUE 时，则使用小于 lookup_value 的最大值对应的结果返回。

4.5　逻 辑 函 数

逻辑函数是通过条件判断得出逻辑结果的函数，常见的逻辑函数有数据判断函数、If 函数、And 函数和 Or 函数，以及数据类型判断函数 Istext 和 Isnumber 等。在日常实际应用过程中，逻辑函数常与其他函数结合使用，进而完成复杂的数据运算。

4.5.1　基础逻辑函数：Istext/Isnumber/Islogical/Isblank/Iserror/Iseven/Isodd

在 Excel 中，常见的数据类型有字符、数值、逻辑和日期时间等。Excel 提供了 Istext、Isnumber、Islogical、Isblank、Iserror、Iseven 和 Isodd 等多个 IS 类函数，分别判断数据是否为字符值、数值、逻辑值、空值、错误值、偶数值和奇数值等。

IS 类函数是用于检测单元格引用是否为指定数据类型或值，如果是返回 TRUE，否则返回 FALSE。IS 类函数的语法结构简单，仅有一个 value 参数作为检测对象，如 Istext(value)、Isnumber(value)、Islogical(value)、Isblank(value)、Iserror(value)、Iseven(value) 和 Isodd(value)等。

IS 类函数的使用效果如图 4-73 所示。

	A	B	C	D	E	F	G	H
1	数据	I love Excel	996	TRUE		#DIV/0!	124	125
2	函数	=ISTEXT(B1)	=ISNUMBER(C1)	=ISLOGICAL(D1)	=ISBLANK(E1)	=ISERROR(F1)	=ISEVEN(G1)	=ISODD(H1)
3	结果	TRUE	TRUE	TRUE	TRUE	TRUE	TRUE	TRUE
4	说明	判断是否为字符型数据	判断是否为数值型数据	判断是否为逻辑型数据	判断是否为空值	判断是否错误	判断是否为偶数	判断是否为奇数

图 4-73　IS 类函数的使用效果

4.5.2　逻辑计算函数：And/Or/Not

逻辑值就是非真（TRUE）既假（FALSE），而针对逻辑值进行计算的函数主要有逻辑求交函数 And、求或函数 Or 和求反函数 Not 等。

1. 求交函数 And

And 函数是逻辑函数中的常用函数，用于判断各个参数是否全部为真，当所有参数逻辑值为真时返回 TRUE，若其中任意一个参数的逻辑值为假，即返回 FALSE。简言之，就是当 And 的参数值全部为真时，返回结果为 TRUE，否则为 FALSE。一般情况下，And 函数不单独使用，常与其他条件的函数结合使用。该函数的语法结构为：

And(logical1,logical2,…)

该函数参数的含义如下：

- logical1,logical2,…：待检验真假值的逻辑表达式（最多支持 1～255 个），它们的结果或为真 TRUE，或为假 FALSE。该参数必须是逻辑值、包含逻辑值的数组或引用，若数组或引用中含有文字或空白单元格，则忽略其值。

And 函数的使用效果如图 4-74 所示。

	A	B	C	D	E
1	数据				
2	函数	=AND(TRUE,FALSE)	=AND(TRUE,TRUE)	=AND(1>2,1)	=AND(3+1=4,1)
3	结果	FALSE	TRUE	FALSE	TRUE
4	说明	两个逻辑值，一真一假，结果为假	两个逻辑值，全真，结果才为真	1>2为假，1为真，故结果为假	3+1=4这个结果为真，1为真，故结果为真

图 4-74　And 函数的使用效果

2. 求或函数 Or

Or 函数是与 And 函数相对应的常用逻辑函数，用于判断其参数数组中是否存在逻辑值为真 TRUE 的情况，只要有一个参数为真 TRUE，则函数返回真 TRUE。否则，返回假 FALSE。Or 函数与 And 函数的区别在于，And 函数要求所有函数逻辑值均为真，结果方为真。而 Or 函数仅需其中任何一个为真即可为真。Or 函数一般不单独使用，常与其他条件的函数结合使用。该函数的语法结构为：

Or(logical1,logical2,…)

该函数参数的含义如下：

- logical1,logical2,…：待检验真假值的逻辑表达式（最多支持 1～255 个），它们的结果或为真 TRUE，或为假 FALSE。该参数必须是逻辑值、包含逻辑值的数组或引用，若数组或引用内含有文字或空白单元格，则忽略其值。

Or 函数的使用效果如图 4-75 所示。

	A	B	C	D	E
1	数据				
2	函数	=OR(TRUE,FALSE)	=OR(FALSE,FALSE)	=OR(1>2,0)	=OR(3+1=4,0)
3	结果	TRUE	FALSE	FALSE	TRUE
4	说明	两个逻辑值，一真一假，结果为真	两个逻辑值，全假，结果才为假	1>2为假，0为假，故结果为假	3+1=4这个结果为真，0为假，故结果为真

图 4-75　Or 函数的使用效果

3. 求反函数 Not

Not 函数是 Excel 中一个很有趣的函数，用于对逻辑值进行求反运算，即当逻辑值为真 TRUE 时，Not 函数就返回假 FALSE，逻辑值为假 FALSE 时，Not 函数就返回真 TRUE。该函数的语法结构为：

Not(logical)

该函数参数的含义如下：

- logical：能够得出 TRUE 或 FALSE 结论的逻辑值或逻辑表达式。若逻辑值或表达式的结果为假 FALSE，则函数返回真 TRUE。若逻辑值或表达式的结果为真 TRUE，则函数返回的结果为假 FALSE。

Not 函数的使用效果如图 4-76 所示。

	A	B	C	D	E
1	数据	TRUE	FALSE	1	0
2	函数	=NOT(B1)	=NOT(C1)	=NOT(D1)	=NOT(E1)
3	结果	FALSE	TRUE	FALSE	TRUE
4	说明	TRUE的反就是FALSE	FALSE的反就是TRUE	1（代表TRUE）的反就是0（代表FALSE）	0（代表FALSE）的反就是1（代表TRUE）

图 4-76　Not 函数的使用效果

4.5.3　条件函数：If/Iferror

条件函数是 Excel 常用函数之一，在日常工作中时常会被用到。如用于判断非真既假的条件分支函数 If、错误判断函数 Iferror 等。

1. 条件分支函数 If

If 函数是 Excel 常用函数之一，常用于实现分支选择结构的计算。该函数是针对指定条件进行逻辑判断的函数，它可以根据逻辑表达式的真假（TRUE 和 FALSE），返回不同的结果，从而完成数值或公式条件的检测任务。该函数的语法结构为：

If(logical_test,value_if_true,value_if_false)

该函数参数的含义如下：

- logical_test：计算结果为 TRUE 或 FALSE 的逻辑表达式。
- value_if_true：当参数 logical_test 为 TRUE 时，函数的返回值。若参数 logical_test 为 TRUE，且省略了参数 value_if_true 时，函数返回 TRUE。同时，Excel 支持参数 value_if_true 是一个表达式，或者是函数嵌套。
- value_if_false：当参数 logical_test 为 FALSE 时，函数的返回值。若 logical_test 为 FALSE，且省略了参数 value_if_false 时，函数返回 FALSE。同时，Excel 支持参数 value_if_true 是一个表达式，或者是函数嵌套。

If 函数的使用效果如图 4-77 所示。

	A	B	C	D	E	F
1	数据	业务员	安安南	姜绲羽	寇曼云	刘清清
2		部门	销售一部	销售二部	销售一部	销售二部
3		销售额(万元)	530	460	510	480
4	等级		能手	合格	能手	合格
5	函数		=IF(C3>=500,"能手",IF(C3>=450,"合格","不合格"))	=IF(D3>=500,"能手",IF(D3>=450,"合格","不合格"))	=IF(E3>=500,"能手",IF(E3>=450,"合格","不合格"))	=IF(F3>=500,"能手",IF(F3>=450,"合格","不合格"))
6	结果		能手	合格	能手	合格
7	说明		将C3单元格中的值与500相比较,如果大于500,则IF函数返回"能手",否则,再次将C3单元格中的值与450相比较,如果大于450,则IF函数返回"合格",否则返回"不合格"。这里用了IF函数的嵌套	略	略	略

图 4-77 If 函数的使用效果

> **小技巧** 在一定程度上，If 函数与 Lookup 函数组有部分功能上的重叠，前者适用于种类较少的选择分支，如根据性别（男、女）显示称谓（先生、女士）等。后者则适用于多种选择分组，如体育成绩判定、评分到优良中差的转换等。

2. 错误判断函数 Iferror

Excel 使用过程中，偶尔会遇到公式或函数出错的情况。如果单元格直接显示错误代码，会显得缺乏友好性，用户可以通过 Iferror 函数，来解决这个问题。Iferror 函数用于捕获和处理公式中的错误，当公式的计算结果错误时，则返回指定的信息值，否则将返回公式的结果。该函数的语法结构为：

Iferror(value,value_if_error)

该函数参数的含义如下：

- value：可能返回错误值的表达式或单元格。常见的错误类型有#N/A、#VALUE!、#REF!、#DIV/0!、#NUM!、#NAME?和#NULL!等。
- value_if_error：用户自己定义的函数返回值。当公式的计算结果或单元格显示发生错误时，函数返回该值，否则返回公式或单元格的值。

Iferror 函数的使用效果如图 4-78 所示。

	A	B	C	D	E	F
1	数据	#DIV/0!	#NAME?	#VALUE!	#N/A	#REF!
2	函数	=IFERROR(B1,"错误")	=IFERROR(C1,"错误")	=IFERROR(D1,"错误")	=IFERROR(F1,"错误")	=IFERROR(G1,"错误")
3	结果	错误	错误	错误	错误	错误
4	说明	略	略	略	略	略

图 4-78 Iferror 函数的使用效果

4.6 本章习题

一、判断题

1. Rank 函数可以实现指定区域数值型数据的大小排名。（   ）
2. Sumifs 函数中的 sum_range 和 criteria_range1 大小和形状可一致，也可不一致。（   ）

3．Vlookup 函数可在查找区域中任何一列查找指定值。　　　　（　　）

4．Vlookup 函数的参数 lookup_value 如果是文本数据，且 range_lookup 查找形式是 FALSE，那么 lookup_value 参数也可使用通配符。　　　　　　（　　）

5．Vlookup 函数的 range_lookup 查找形式无论是 FALSE 还是 TRUE，参数 table_array 只要是绝对引用区域就成立。　　　　　　　　　　　　　　（　　）

6．Excel 查找函数会将结果区域中的空单元格忽略不计。　　　（　　）

7．Search 函数返回指定字符或字符串在文本串中的位置编号，其区分字符大小写且可使用通配符。　　　　　　　　　　　　　　　　　　　　　（　　）

8．将文本型数值转换为数值型数值，用 Value 函数来完成，也可通过对其加 0 或乘 1 实现。　　　　　　　　　　　　　　　　　　　　　　　　（　　）

9．Datevalue 函数引用的单元格参数必须是文本格式的日期。　（　　）

10．Lookup 函数向量形式的查找区域中数值必须按升序排列。　（　　）

二、选择题

1．公式"=Round(12.346,2)"返回的结果是（　　）。
　　A．12.33　　　　B．12.34　　　　C．12.35　　　　D．以上都不对

2．公式"=Mod(5,4)"返回的结果是（　　）。
　　A．1　　　　　　B．-1　　　　　　C．3　　　　　　D．-3

3．公式"=Int(Rand()*100)"返回的可能结果是（　　）。
　　A．110　　　　　B．74.5　　　　　C．34　　　　　　D．0.73

4．公式"=Randbetween(10,5)"，返回的结果可能是（　　）。
　　A．#NUM!　　　　B．6.5　　　　　C．4　　　　　　D．0

5．公式"=Count(A1:E1)"返回的结果是（　　）。

	A	B	C	D	E
1	2	45	hello	-23	i5-8600

　　A．3　　　　　　B．4　　　　　　C．8　　　　　　D．9

6．公式"=Counta(A1:I1)"返回的结果是（　　）。

	A	B	C	D	E
1	2	45	hello	-23	i5-8600

　　A．3　　　　　　B．4　　　　　　C．2　　　　　　D．5

7．公式"=Countif(A1:F1,"<30")"返回的结果是（　　）。

	A	B	C	D	E	F
1	10	15	20	25	30	35

　　A．6　　　　　　B．3　　　　　　C．4　　　　　　D．5

8．公式"=Countif(A1:F1,"*")"返回的结果是（　　）。

	A	B	C	D	E	F
1	15	-2	0	20	EXCEL学习	EXCEL

　　A．2　　　　　　B．3　　　　　　C．4　　　　　　D．#NUM!

9. 公式 "=Small(A1:F1,2)" 返回的结果是（　　）。

	A	B	C	D	E	F
1	-25	11	-2	5	0	0.5

　　A. 5　　　　　　B. 11　　　　　　C. -2　　　　　　D. 0.5

10. 公式 "=Randbetween (100,110)" 返回的可能结果是（　　）。

　　A. 99　　　　　B. 106.2　　　　　C. 105　　　　　　D. 102.3

11. 下列函数可以返回(0，1)之间的随机数的是（　　）。

　　A. Rank　　　　B. Rand　　　　　C. Row　　　　　　D. Round

12. 公式 "=Large(A1:F1,3)" 返回的结果是（　　）。

	A	B	C	D	E	F
1	-25	11	-2	5	0	0.5

　　A. 11　　　　　B. 0.5　　　　　　C. 5　　　　　　　D. 0

13. 在使用多条件求和函数 Sumifs 时，若条件有 2 个，则该函数的参数有（　　）个。

　　A. 3　　　　　　B. 2　　　　　　C. 4　　　　　　　D. 5

14. 公式 "=Sumproduct(A1:E1,A2:E2)" 返回的结果是（　　）。

	A	B	C	D	E
1	2	3	4	5	6
2	10	20	30	40	50

　　A. 700　　　　　B. 600　　　　　　C. 800　　　　　　D. 500

15. 下列函数可返回非空单元格的个数的是（　　）。

　　A. Counta　　　B. Countif　　　　C. Count　　　　　D. Countblank

16. 成绩录入在 C2 到 C326 的连续区域，统计成绩在（70～90）分之间的人数可以使用（　　）。

　　A. =Countif(C2:C326,">=70","<90")

　　B. =Countifs(C2:C326,">=70","<90")

　　C. =Countifs(C2:C326,">70","<=90")

　　D. =Countif(C2:C326,">=70",C2:C326,">=90")

17. "姓名"列是 B2 到 B200 连续区域，"部门"列是 A2 到 A220 连续区域，"成绩"列是 D2 到 D200 连续区域。统计所有姓"陈"的在人事处工作人员的成绩之和的公式是（　　）。

　　A. =Sumifs(B2:B200,"陈*",A2:A220,"人事处",D2:D200)

　　B. =Sumifs(D2:D200,B2:B200,"陈*",A2:A200,"人事处")

　　C. =Sumifs(B2:B200,"陈*",A2:A200,"人事处",D2:D200)

　　D. =Sumifs(D2:D200, B2:B200,"陈*",A2:A220,"人事处")

18. 删除所有前导和结尾空格的函数是（　　）。

　　A. Clean　　　　B. Delete　　　　C. Trim　　　　　D. Backspace

19. 公式 "=FIND("E","Excel 的函数功能 E 常强大！",2)" 返回的结果是（　　）。

　　A. 15　　　　　B. 9　　　　　　　C. 4　　　　　　　D. 11

20. 公式 "=Search("E","Excel 的函数功能 E 常强大！",3)" 返回的结果是（　　）。

  A．9   B．15   C．4   D．11

21. 将英文首字母转换成大写的函数是（　　）。

  A．Power B．Proper C．Upper D．Lower

22. 下列函数可实现重复指定次数文本的功能的是（　　）。

  A．Trim B．Rept C．Replace D．Concatenate

23. 假设单元格 A1 的内容是"我爱 Excel"，那 Len(A1)和 Lenb(A1)结果分别是（　　）。

  A．7　9 B．9　7 C．7　7 D．9　9

24. 该公式=RIGHT("0124501025",3)返回的结果是（　　），默认对齐方式为（　　）。

  A．25　右对齐   B．025　右对齐

  C．25　左对齐   D．025　左对齐

25. 将数据区域中的"数据处理"转换成"Excel 数据处理与分析"，可以使用的函数是（　　）。

  A．Substitute   B．Repeat

  C．Replace   D．Change

26. 有以下表中数据，则公式"=Value(A1)"返回的结果是（　　），"=VALUE(B1)"返回的结果是（　　）。

	A	B
1	50%	

  A．50　空 B．50　0 C．0.5　0 D．0.5　空

27. 公式 "=Text(Mid("410803199303081132",7,8),"0000-00-00")" 返回的结果是（　　）。

  A．1983-03-08 B．30383 C．1983/3/8 D．#VALUE!

28. 公式= "Text(123456,"0!.0,万元")" 返回的结果是（　　）。

  A．12.3456 B．123.46 C．12.3 万元 D．123.5 万元

29. 公式 "=Text(123,"0000")" 返回的结果是（　　）。

  A．1230 B．0123 C．123 D．以上都不对

30. 数值转化为文本的函数是（　　）。

  A．Value B．Trim C．Test D．Text

31. 日期型数据 2019/9/10 录入在 D3 单元格中，返回结果是"星期二"的是（　　）。

  A．=Weekday(D3,1)

  B．=Text(Weekday(D3,1),"AAAA")

  C．=Text(Weekday(D3,1),"DDDD")

  D．=Weekday(D3,2)

32. 日期型数据 2019/9/10 录入在 B2 单元格中，公式 "=Edate(B97,-5)" 返回的结果是（　　）。

  A．2014/9/10   B．2019/04/10

  C．2019/4/4   D．2019/9/5

33. 有以下表中数据，则公式"=Datedif(A1,B1,"Y")"返回的结果是（　　）。

	A	B
1	1993/10/4	2019/9/10

A．1925/12/6　　　B．9472　　　C．25　　　D．311

34. 返回系统当前日期的函数是（　　）。

A．Today　　　　　　　　　　B．Now

C．Now-Today　　　　　　　　D．Day

35. 以下函数，返回值为日期型数据的是（　　）。

A．Weekday　　　　　　　　　B．Datedif

C．Date　　　　　　　　　　　D．Year

36. Rows 函数的作用是（　　）。

A．显示参数单元格的行号　　　　B．显示参数单元格的列号

C．显示参数单元格区域的行数　　D．显示参数单元格区域的列数

37. 在指定单元格区域的首列中定位查找值，且返回该值所在行的指定列数据的函数是（　　）。

A．Find　　　B．VLookup　　　C．Search　　　D．Index

38. 关于 Vlookup 函数表述正确的是（　　）。

A．查找指定单元格区域的第 1 列，返回查找值所在行的指定列数据

B．该函数有且仅有 3 个参数

C．函数第 2 个参数 table_array 只能用地址引用形式

D．range_lookup 值为 1 时，表示该函数是精确查找

39. 成绩列在 Sheet1 的 B2 到 B100 的连续区域，"成绩等级参照表"在 Sheet2 的 A1 到 C6 的连续区域。单元格 C1 利用 Vlookup 函数将数值成绩转换成字母等级的公式是（　　）。

	A	B	C
1	序列	成绩	等级
2	1	0	F
3	2	60	D
4	3	70	C
5	4	80	B
6	5	90	A

A．=Vlookup(B2,Sheet2!$A$2:$C$6,3,FALSE)

B．=Vlookup(B2,Sheet2!$B$2:$C$6,2,TRUE)

C．=Vlookup(B2,Sheet2!$B$2:$C$6,2,FALSE)

D．=Vlookup(B2,Sheet2!$A$2:$C$6,2,TRUE)

40. 若 A1=2，A2=3，A3=0，则公式"=Iferror(A1+A2/A3,"No Luck")"返回的结果是（　　）。

A．2　　　B．#DIV/0!　　　C．No Luck　　　D．ERROR

41. 若 A1=2，A2=3，A3=6，A4=7，则公式"=And(A1>A4,Or(A3>A2))+1"返回的结果是（　　）。

A．TRUE　　　B．1　　　C．FALSE　　　D．0

42. 若 A1=5，A2=3，A3=6，A4=7，则公式"=If(A1<A2,IF(A3>A2,A2,A3),IF(A4<A3,A4,A1))"返回的结果是（　　）。

A．5　　　　　B．3　　　　　C．6　　　　　D．7

三、思考题

1．根据函数类型分类，总结各函数组中的函数之间的作用和使用方法差异。

2．思考 Excel 数据排序有哪些方法，各自的操作方法之间有何不同？

3．思考 Lookup 函数、Vlookup 函数、Hlookup 函数三者之间的关系，各自在使用过程中有何注意事项？

4．思考 Replace 函数和 Substitute 函数之间的差异，以及各自的使用方法有何不同？

第 5 章 数 据 分 析

数据分析是指通过适当的统计分析方法对数据进行统计、分析,挖掘内在有价值信息的过程,其目的在于帮助用户进行判断和决策。目前数据分析已经成为一门通识技能,渗透到了日常工作的各个岗位。本章主要介绍条件格式、数据排序、数据筛选、分类汇总、图表和数据透视表/图等相关知识。

知识目标

- 理解条件格式的含义与作用。
- 理解简单排序和多重排序的含义与作用。
- 理解自动筛选和高级筛选的含义与作用。
- 理解分类汇总的含义与作用。
- 理解数据透视表/图的含义与作用。

能力目标

- 掌握条件格式的使用方法。
- 掌握数据简单排序、多重排序的操作方法。
- 掌握自动筛选和高级筛选数据的操作方法。
- 掌握数据分类汇总的操作方法。
- 掌握数据透视表/图的操作方法。

思维导图

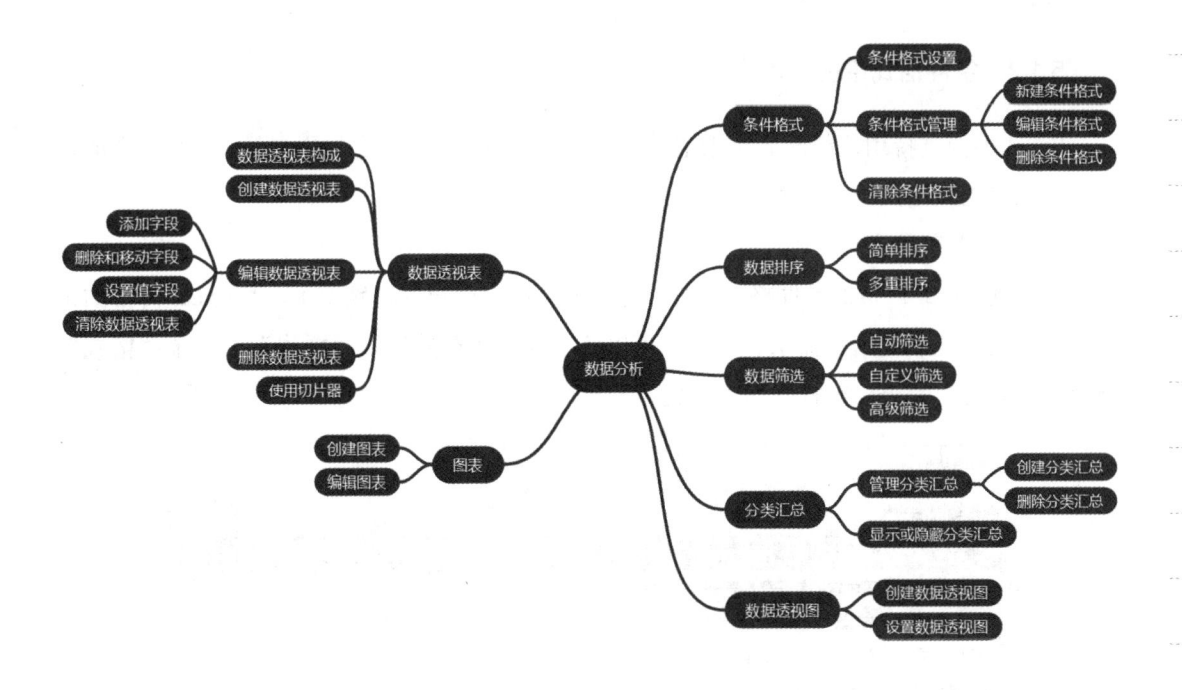

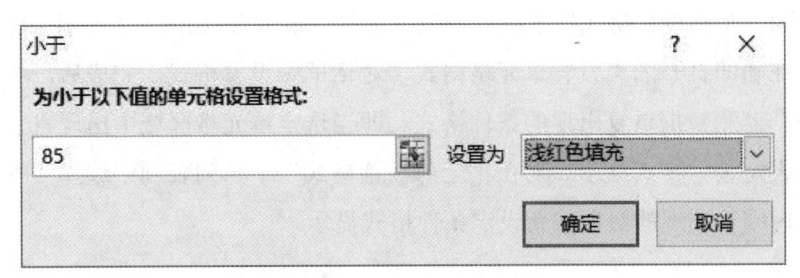

图：数据分析思维导图（条件格式：条件格式设置、条件格式管理[新建条件格式、编辑条件格式、删除条件格式]、清除条件格式；数据透视表：数据透视表构成、创建数据透视表、编辑数据透视表[添加字段、删除和移动字段、设置值字段、清除数据透视表]、删除数据透视表、使用切片器；图表：创建图表、编辑图表；数据排序：简单排序、多重排序；数据筛选：自动筛选、自定义筛选、高级筛选；分类汇总：管理分类汇总[创建分类汇总、删除分类汇总]、显示或隐藏分类汇总；数据透视图：创建数据透视图、设置数据透视图）

5.1 条 件 格 式

条件格式设置是 Excel 数据分析的常用操作，即当单元格内数据满足指定条件时，单元格按照预先设定的格式显示，从而能够十分快速地观察到符合条件的数据。在 Excel 中，同一单元格或单元格区域不单支持一种条件格式设置，还可以同时支持多种条件格式设置。

5.1.1 条件格式设置

设置条件格式时，用户需要首先选择要设置条件格式的单元格区域，然后依次执行"开始"→"样式"→"条件格式"下拉列表中相应的选项命令。如选择"突出显示单元格规则"→"小于"命令，从而在随即打开的"小于"对话框中输入条件（如"85"），并在"设置为"下拉列表框中选择相应的突出显示格式（如"浅红色填充"），如图 5-1 所示。最后单击"确定"按钮，完成条件格式设置。此时，该区域单元格中的数据符合小于 85 的条件时，则单元格按浅红色填充显示，而不符合该条件的单元格，则保持原格式显示。

图 5-1 条件格式设置

在"设置为"下拉列表框中，系统自带几种预设格式效果，用户也可以在下拉列表中选择"自定义格式"命令，在打开的"设置单元格格式"对话框中自行设置，进而满足用户多样化的需求。

5.1.2 条件格式管理

Excel 不但支持用户修改满足指定条件的格式设置，同时还支持用户新建、修改和删除条件格式等条件格式相关管理。

1. 新建条件格式

考虑到 Excel 自带的条件格式有限，有时不能满足用户的特殊要求。当 Excel 自带的条件格式规则不能满足用户需求时，用户可以依次执行"开始"→"样式"→"条件格式"→"新建规则"命令，在打开的"新建格式规则"对话框进行设置，如图 5-2 所示。

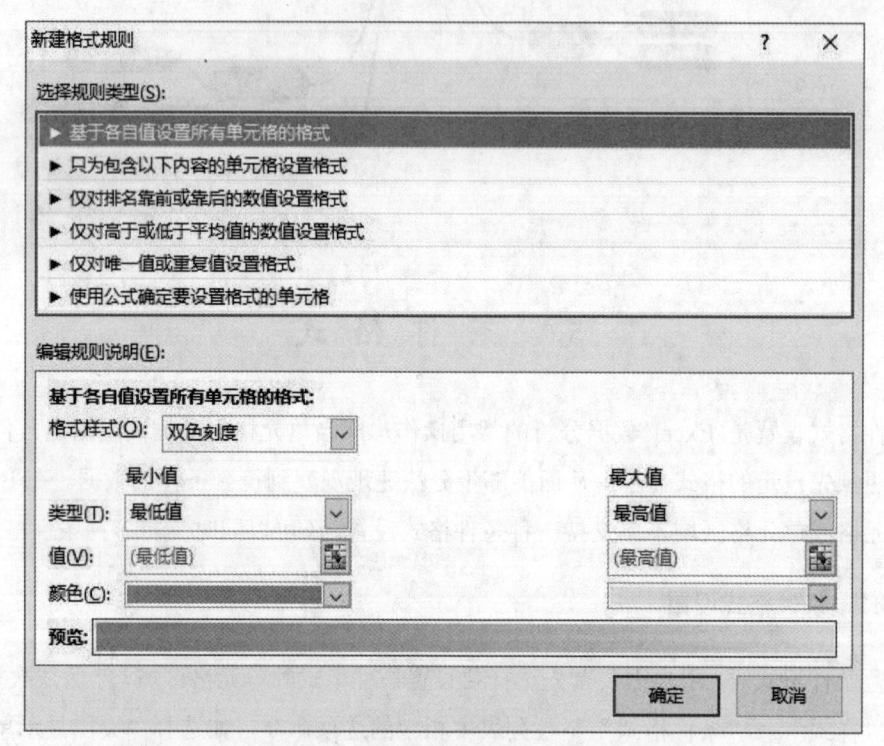

图 5-2 "新建格式规则"对话框

在"新建格式规则"对话框中，单击"选择规则类型"列表选择不同规则类型，相应的"编辑规则说明"区会级联出现不同的参数设置项。如在选定数据区域的前提下，执行"新建格式规则"对话框中的"仅对唯一值或重复值设置格式"规则类型，在"编辑规则说明"区中的"全部设置格式"下拉列表项中选择"重复"，如图 5-3 所示，然后单击"格式"按钮，在随即打开的"设置单元格格式"对话框中设置格式。完成后，单击"确定"即可创建一个监测数据重复出现的条件格式。即当选定单元格区域中出现重复数据时，该数据将以新设定条件格式显示。而在"全部设置格式"下拉列表项中选择"唯一"时，则可以将区域内唯一出现的数据按新设定条件格式显示。

图 5-3 新建条件格式

而"选择规则类型"列表中的"使用公式确定要设置格式的单元格"规则类型，则是使用逻辑函数作为判断条件，从而实现条件格式设置。如用户可以使用公式"=Isodd(Row(A1))"（其中，Isodd 是判断奇数函数，Row 是计算单元格行号函数），并设置单元格的填充色，从而实现奇数行背景色设置；用户也可以使用公式"=Len(A1)<>11"（Len 是求字符长度函数），并设置单元格的填充色，从而实现单元格数据长度不是 11 位（如手机号码）的突出显示等。使用公式设置条件格式十分灵活，功能强大，用户要深入理解并加强联系才能够有效掌握。

2. 编辑条件格式

Excel 允许用户对已创建或系统自带的条件格式进行二次编辑，用户只需要在选中相应单元格或单元格区域的前提下，依次执行"开始"→"样式"→"条件格式"→"管理规则"命令，进而打开"条件格式规则管理器"对话框，如图 5-4 所示。

图 5-4 "条件格式规则管理器"对话框

在对话框下方显示的已设定的全部条件格式中，选中要修改的条件格式。再单击对话框上的"编辑规则"按钮（或者双击相应的规则行），进而打开"编辑格式规则"对话框。

在该对话框中，重新设定条件和显示格式即可。

3. 删除条件格式

对于今后不再使用的条件格式，用户可以通过依次执行"开始"→"样式"→"条件格式"→"管理规则"命令，在打开"条件格式规则管理器"对话框中，选择要删除的条件格式，然后单击"删除规则"按钮，完成该条件格式的删除。

5.1.3 清除条件格式

清除条件格式和删除条件格式不同。删除条件格式指的是对整个工作表中的该条件格式彻底删除，它意味着所有使用该条件格式的单元格区域都将失效。清除条件格式分为对已选中单元格区域条件格式的清除和针对整个工作表条件格式的清除两种情况。针对整个工作表条件格式的清除与删除条件格式类同，而针对已选单元格的清除则只对当前已选单元格生效，同时该条件格式还存在系统中，用户后期还可以再次使用。

用户可以在选中单元格或单元格区域的前提下，依次执行"开始"→"样式"→"条件格式"→"清除规则"→"清除所选单元格的规则"（或"清除整个工作表的规则"）命令，完成条件格式的清除操作。

> 小技巧　同一个单元格或单元格区域可设置多个规则，多规则的优先级别可通过"条件格式规则编辑器"对话框进行查看和编辑。通过单击"上移"和"下移"按钮调整条件格式顺序，越靠上面的条件格式规则级别越高。

5.2 数据排序

数据排序是数据分析的基础性操作，是将工作表中的数据按照指定排序规则进行先后排序的设置。Excel 提供了多种数据排序方法，用户可以根据需要按数据列升序、降序或者自定义排序方式进行排序。

Excel 不但支持数值型数据的大小排序，还支持字符和逻辑型数据的排序。对于数值型的数据排序最容易理解，即数值的大小排序。而对于字符型数据（或包含有数字的文本）而言，其从小到大的顺序为"0 1 2 3 4 5 6 7 8 9 A B C D E F G H I J K L M N O P Q R S T U V W X Y Z"。逻辑型数据排序时，逻辑值假 FALSE 小于逻辑值真 TRUE，用户也可以借助于 FALSE 可以用 0 表示，TRUE 可以用 1 表示来理解。对于中文数据排序来说，默认为字典顺序，即拼音在英文字母表中的顺序。

根据排序依据涉及的数据列的多少，Excel 将排序分为简单排序和多重排序 2 种。即当排序依据为一列时为简单排序，排序依据为多列时为多重排序。为了能够顺利地完成数据排序，建议用户将排序区域设置为规范的二维表结构（即不出现合并或拆分的单元格），以及不存在不连续单元格的情况。同时，这个要求也适用于后面的数据筛选和分类汇总等操作。

5.2.1 简单排序

简单排序是指工作表按照一列数据大小为排序依据，对表格数据进行升序或降序的排序方式，如银行卡消费记录按照消费时间降序排序等。

用户可以首先将光标定位到要排序列中的任一单元格，然后依次执行"数据"→"排序和筛选"→"升序"（或"降序"）命令，从而完成数据简单排序。Excel 考虑到数据排序是常用操作，用户也可以通过执行"开始"→"编辑"→"排序和筛选"→"升序"（或"降序"）命令来完成。

如果用户首先选择了数据区域，然后再按上述方法进行排序时，Excel 会弹出"排序提醒"对话框，如图 5-5 所示。这时用户要根据自己的需要进行选择，当选择"扩展选定区域"选项时，则整个工作表数据顺序发生改变，与前面的操作效果相同。而如果选择"以当前选定区域进行排序"选项的话，则数据排序仅对选中的数据区域进行排序，而数据区域保持原样，相应的数据行对应会被打乱，所以用户要慎重选择。

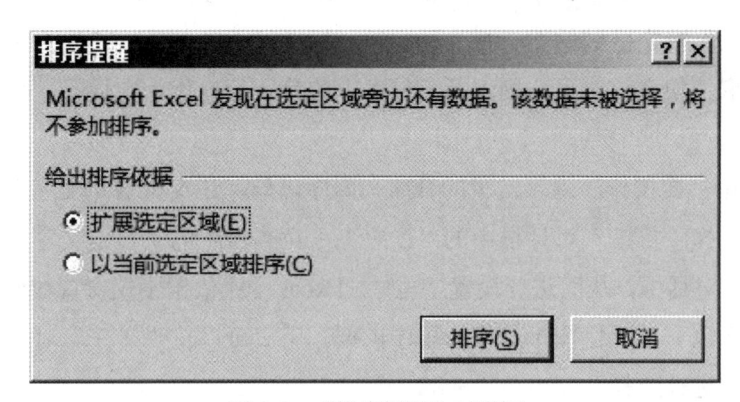

图 5-5 "排序提醒"对话框

> **小技巧**：在进行数据排序时，需要特别注意数据表中的空行或空列。因为 Excel 只能自动识别空行前面的部分或空列左边的数据，而漏掉空行下面或空列右边的数据，从而可能只对部分数据进行了排序，而非全部。

5.2.2 多重排序

相对于简单排序而言，多重排序是指按照两个或两个以上的序列为排序依据进行的排序，即涉及多列的数据排序方式。如考试成绩以总分降序排序，总分相同时再按计算机成绩降序排序。

多重排序操作要以某个数据列为主要排序依据（即主关键字），此时数据首先按该序列进行排序。当工作表中主关键字出现相同值时，多重排序会根据指定的第二个排序依据（即次要关键字）进行排序。在主关键字和次要关键字都相同的情况下，则会根据指定的下一个次要关键字进行排序，并以此类推。

用户首先将光标定位到工作表中任意一个单元格或单元格区域，然后依次执行"数据"→"排序和筛选"→"排序"命令，从而打开的"排序"对话框，如图 5-6 所示。

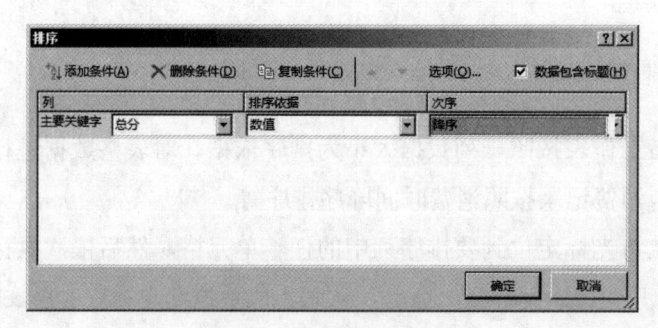

图5-6 "排序"对话框

默认情况下，该对话框中会默认包含一个排序主关键字，用户可根据需要通过单击"添加条件"按钮添加次要关键字，或单击"删除条件"按钮，将选中的排序关键字删除。同时，在排序列表中，用户可以通过调整列表中各个关键字的顺序，改变主关键字和次关键字，以及其他次关键字的顺序。排序关键字设置完成后，单击"确定"按钮，即可完成数据多重排序操作。

在"排序"对话框中，还有一个非常重要的选项，那就是"数据包含标题"。该选项在选中状态下，表示数据区域的第一行为标题行，标题行不参与数据排序，始终处在工作表的第一行。若取消勾选该选项，则表示工作表中的第一行也作为数据行，数据行是要参与数据排序的。

在 Excel 中，数据排序除了常见的升序和降序以外，还支持自定义序列的次序排序。用户可以通过选择"排序"对话框中的"次序"下拉列表中的"自定义序列"选项，打开"自定义序列"对话框，从而进行设置。同时，Excel 排序依据不仅支持数值，还支持单元格颜色、字体颜色和单元格图标等作为排序依据。用户可以在"排序"对话框的"排序依据"下拉选项中进行选择。

> **小技巧** Excel 除了传统的按照字符顺序排序外，还设置了更多排序选项。用户可以通过单击"排序"对话框中的"选项"按钮，打开"排序选项"对话框。通过该对话框，进一步设置以行、列、字母，或者笔画等更多方式的排序。

5.3 数据筛选

数据筛选是 Excel 数据分析又一重要工具，通过数据筛选用户可以对工作表中的数据进行选择性屏蔽，仅显示出满足筛选条件的数据记录，从而有效屏蔽不满足条件的数据行，提高数据的易读性和用户的工作效率。与此同时，数据筛选也能够有效保护数据，是保护用户数据隐私的好帮手。

数据筛选和数据排序有着本质区别。前者是对数据进行过滤，只显示满足条件的记录，一般会减少数据显示的行数，但未对数据进行排序。后者是对数据进行升降序的排序，而数据显示的行数未发生任何变化。

在 Excel 中，数据筛选有自动筛选、自定义筛选和高级筛选 3 种类型。无论是哪一种数据筛选，数据区域都必须包含列标题（即标题行），且每个标题名称必须唯一。

5.3.1 自动筛选

自动筛选是最简单的一种数据筛选方式，是根据用户设定的筛选条件，自动将工作表中符合条件的数据显示出来，并将其他不满足条件的数据行屏蔽。

自动筛选的操作方法非常简单，用户只需将光标定位到工作表中任一单元格，然后依次执行"数据"→"排序和筛选"→"筛选"命令。此时工作表的各标题字段右侧会显示出黑色的筛选按钮。通过单击该按钮，并在其下拉列表中选择相应的筛选条件（如下拉列表最下方的各个复选框），即可完成数据的自动筛选。

用户在使用自动筛选功能时，也可以通过合理使用下拉列表中的搜索框，从而快速定位到符合条件的筛选记录。如在"姓名"筛选下拉列表搜索框中输入"刘"，Excel 则可以快速将"刘"作为筛选条件，进而将工作表中符合姓刘的数据显示出来。

一般情况下，Excel 自动筛选都是针对一列数据进行筛选的，但其实 Excel 支持多个列的组合筛选。如对先对表格中的"性别"做了筛选条件为"男"的筛选，然后再对"成绩"做">60"的筛选，则最终显示出的结果是成绩大于 60 的男生记录。

> **小技巧**　完成数据筛选操作后，要取消已设置的数据筛选状态，显示表格中的全部数据时，用户只需要再次执行"数据"→"排序和筛选"→"筛选"命令，即可取消筛选状态。

5.3.2 自定义筛选

自定义筛选是在自动筛选的基础上进行操作的，即在依次执行"数据"→"排序和筛选"→"筛选"命令后，单击字段名右侧的下拉筛选按钮，在下拉列表中选择相关命令下的二级命令。这里面需要注意的是，Excel 会根据当前列的数据类型，动态显示级联菜单，如"文本筛选""数字筛选"和"日期筛选"等。

数字筛选在日常使用的概率最高，如筛选考试成绩介于 50～60 之间的记录。用户可以依次执行"数据"→"排序和筛选"→"筛选"命令，然后单击"成绩"列右侧的下拉按钮，依次选择"数字筛选"→"介于"命令，打开"自定义自动筛选方式"对话框。在该对话框中分别选择输入"大于或等于""50""小于或等于""60"。注意，这里必须勾选两者之间的关系为"与"复选框，如图 5-7 所示。

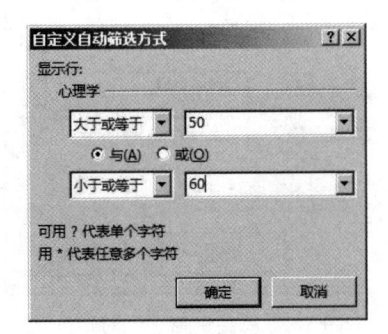

图 5-7　"自定义自动筛选方式"对话框

对话框中的"与"表示并且关系，即要同时满足"大于等于 50"和"小于等于 60"两个筛选条件。相对的"或"表示或者关系，即仅需满足"大于等于 50""小于等于 60"两个筛选条件中的任意一个条件即可。

> 针对文本型字段的"文本筛选"，在"自定义自动筛选方式"对话框中支持使用通配符代替字符或字符串。如通配符"?"代表任意一个字符，而通配符"*"代表任意多个字符。

5.3.3 高级筛选

自动筛选虽然简单，但功能还不够强大，尤其在针对多列筛选条件的筛选时，虽然也可以完成，但往往显得力不从心。Excel 提供的高级筛选功能，则更适合涉及多列筛选条件的情况，相比自动筛选，高级筛选功能更加强大，操作更为灵活，主要运用于两列或两列以上作为筛选条件的场景。

用户在使用高级筛选功能时，首先需要建立一个条件区域作为高级筛选的条件。条件区域就是分别将筛选列的标题和对应的筛选条件放置在同列的不同行。需要注意的是，这里的筛选列标题必须和原始工作表中的标题相一致，否则会筛选失败。同时，当多个筛选条件位于同一行时，表示多个筛选条件是并且关系，即要求数据必须同时满足所有的条件。而如果多个筛选条件出现不同行，则表示多个筛选条件是或者关系，即要求数据仅满足其中任意一个条件即可。

完成条件区域设置后，用户可以将光标定位到需要进行数据筛选区域的任意一个单元格，然后依次执行"数据"→"排序和筛选"→"高级"筛选命令，打开"高级筛选"对话框。在该对话框中，依次设置"列表区域"（即要进行高级筛选的原始工作表区域）和"条件区域"（即用户设置的条件区域）。

在"高级筛选"对话框中，用户可以选择"将筛选结果复制到其他位置"选项，同时指定"复制到"的单元格位置，如图 5-8 所示。这样就可以不在原始工作表上操作，而将筛选结果复制到指定位置，从而使得原始工作表数据保持原样不变。

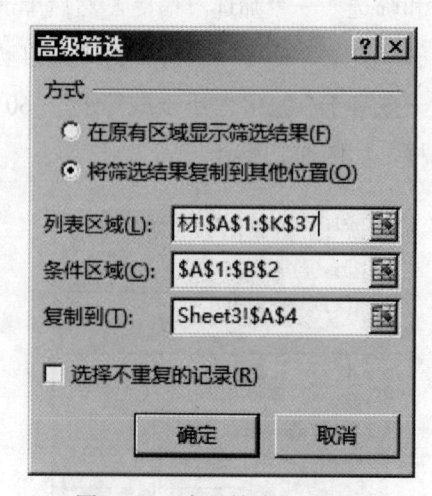

图 5-8 "高级筛选"对话框

需要提醒用户的是，如果要勾选"将筛选结果复制到其他位置"选项的话，用户需要首先要将光标定位到要出现筛选结果的工作表内，且不能与条件区域相邻（至少要保留一列或一行的间隔），然后再进行高级筛选操作，否则系统会出现错误提示。

> **小技巧** 在"高级筛选"对话框中，如果勾选"选择不重复的记录"复选框，当筛选结果有重复记录行出现时，只显示或复制一行记录。

5.4 分类汇总

分类汇总是 Excel 数据分析的有效工具，用户可以借助分类汇总功能，将数据按照不同的分类依据进行分类统计，从而发现各类别之间的数据差异。如针对销售数据按照销售员分类求和销售额，可以对比各个销售员的销售业绩；按照销售地区分类求和销售额，则可以对比各地区间的销售差异等。

工作表数据要进行分类汇总操作，必须具有标题行和按照分类字段排序的两个前提条件。其中，数据排序是分类汇总的前提，也就是说用户要按哪一个字段进行分类汇总，就必须先按照该字段进行排序。排序是分类汇总的必备基础，排序顺序可以是升序，也可以是降序，都不影响分类汇总的正常操作。

分类汇总涉及的"汇总方式"是针对数值型数据，进行的求和、求平均值、求最大值、求最小值、计数和求标准差等汇总计算。用户可以根据数据分析需要进行选择，并选中相应的字段，从而完成分类汇总。

5.4.1 管理分类汇总

要使用分类汇总，必须掌握分类汇总的创建方法。而针对使用过的分类汇总，在没有保存必要的时候，用户也可以删除分类汇总。下面就分类汇总的创建和删除进行详细介绍。

1. 创建分类汇总

要创建分类汇总的话，用户需要首先将光标定位到分类字段列中任一单元格，依次执行"数据"→"排序和筛选"→"升序"（或"降序"）命令，完成数据按分类字段的排序，如按"销售地区"升序排序。然后将光标定位到要进行分类汇总的工作表任一单元格，依次执行"数据"→"分级显示"→"分类汇总"命令，打开"分类汇总"对话框。在对话框中分别设置"分类字段""汇总方式"和"选定汇总项"。其中，分类字段必须是排序字段。如将"分类字段"设置为"销售地区"，"汇总方式"设置为"求和"，以及选择"选定汇总项"为"费用"字段，如图 5-9 所示。

设置完成后，单击对话框中的"确定"按钮，完成分类汇总操作。此时窗口的左上方会出现 3 个级别的分类汇总分级按钮。

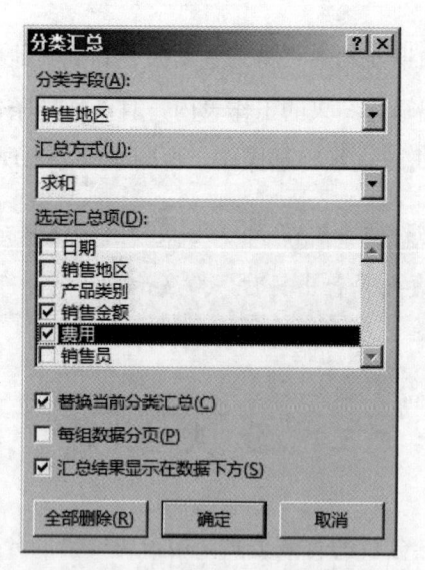

图 5-9 "分类汇总"对话框

2. 删除分类汇总

用户对于不再需要的分类汇总可以删除。用户首先将光标定位到分类汇总结果的任一单元格，其次依次执行"数据"→"分级显示"→"分类汇总"命令，从而重新打开的"分类汇总"对话框。然后在该对话框中，单击"全部删除"按钮，即可对当前分类汇总进行删除。

5.4.2 显示或隐藏分类汇总

数据分类汇总成功创建后，工作表左上方会显示 3 个级别的分类汇总按钮。用户单击相应的分级按钮，可以显示（或隐藏）汇总项，以及各项所对应的汇总明细。如单击分级按钮"1"，隐藏所有项目的明细数据，只显示合计数据；单击分级按钮"2"，隐藏相应项目的明细数据，只显示相应项目的汇总项；单击分级按钮"3"，显示各项目的明细数据。重复单击分级按钮，则完成相反操作。

用户除了可以使用分级按钮来显示和隐藏分类汇总数据外，也可以通过执行"数据"→"分级显示"→"显示明细数据"（或"隐藏明细数据"）命令，来显示（或隐藏）分类汇总的明细行。

5.5 数据透视表

数据透视表是 Excel 数据分析的重要功能之一，它可以深入分析工作表的数据，解决一些始料未及的工作表数据或外部数据源问题。另外，Excel 还提供了一种可视性极强的数据筛选方法，即用切片器设置条件来筛选数据透视表中的数据。

5.5.1 数据透视表构成

数据透视表是一种交互式报表，可以按照不同需要和不同关系来提取、组织和分析数据，呈现给用户需要的结果。数据透视表是一种动态的数据分析工具，它集成了数据筛选、数据排序和分类汇总等功能于一身，弥补了在表格中输入大量数据使用图表时显得拥挤的不足。

"数据透视表字段列表"有"筛选""列""行"和"值"，以及"选择要添加到报表的字段"列表框等构成，如图 5-10 所示。

图 5-10　数据透视表字段列表

在数据透视表里，用户可以将数据进行分类汇总和聚合，按分类和子分类对数据进行汇总，创建自定义的计算和公式，该功能与分类汇总功能类似。用户可以通过拖曳"数据透视表字段列表"中的分类字段至"行"（或者"列"）区域，并将用于汇总的字段拖曳至"值"区域，然后修改求值方式（如求和、求平均值等）。

"数据透视表字段列表"中的"筛选"区域是作为筛选器来过滤数据的，就相当于数据筛选功能。用户可以将"数据透视表字段列表"中用于筛选的字段（如"销售地区"）拖曳至"筛选"区域，这时数据窗口中就会出现一个下拉式筛选列表，用户就可以通过选择列表中的值动态的调整筛选条件（如选择"销售地区"为"北京"），这样数据透视表就会仅显示满足筛选条件的数据。

当用户需要对数据透视表中的数据进行排序时，可以首先将光标定位到要排序的字段列中任一单元格里，然后右击打开快捷菜单依次执行"排序"→"升序"（或"降序"）命令，即可完成数据排序。

> **小技巧**　借助于数据透视表，用户可以通过将"行"中的字段移动到"列"或将"列"中的字段移动到"行"的操作，查看到源数据的不同汇总结果。还可以通过展开或折叠的方式，查看关注结果的数据级别，查看某一区域的数据明细等。

5.5.2　创建数据透视表

创建数据透视表的前提是必须有一个数据源，如一个具有标题行的 Excel 工作表，这里特别要求工作表的第一行必须包含列标签（即标题行）。这样用户就可以将光标定位到数据区域内任一单元格，依次执行"插入"→"表格"→"数据透视表"→"创建数据透视表"命令，从而打开的"创建数据透视表"对话框，如图5-11所示。

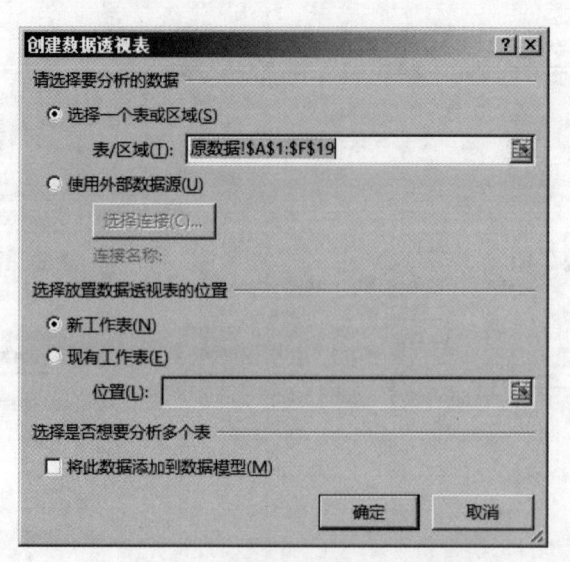

图5-11 "创建数据透视表"对话框

在该对话框中的"选择表格或区域"项里选择要分析的数据区域。一般情况下，Excel会自动将单元格所在的单元格区域默认选择，用户也可以根据个人需求自行修改。在"选择放置数据透视表的位置"栏中设置存放数据透视表的位置，并单击"确定"按钮。此时，系统会创建一个空白的数据透视表，并打开"数据透视表字段"任务窗口，如图5-12所示。

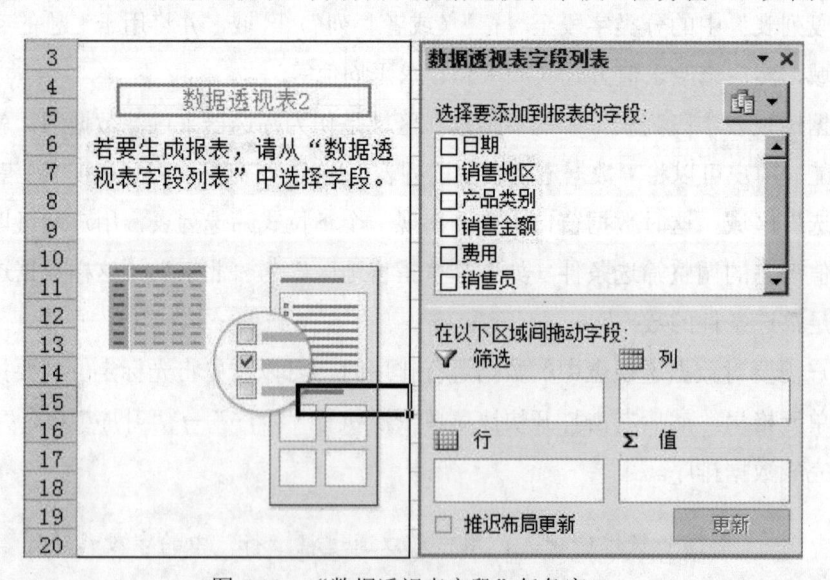

图5-12 "数据透视表字段"任务窗口

然后用户通过拖曳"选择要添加到报表的字段"列表框中的各个字段到相应的栏目。如分别拖曳"销售地区"到"筛选"区域、"产品类别"到"行"区域、"销售金额"到"值"区域，并设置"值"区域中的"销售金额"的计算类型为"求和"（单击该字段，选择"值字段设置"命令，在打开的"值字段设置"对话框中设置）。此时左侧的"数据透视表"区域会根据用户的操作，动态显示相应设置，从而完成数据透视表的创建。

5.5.3 编辑数据透视表

数据透视表创建后，针对需求的变化修改在所难免。用户可以通过"数据透视表字段"任务窗口的"选择要添加到报表的字段"列表框拖曳相应字段，来完成字段的添加和删除。

1. 添加字段

在数据透视表的字段列表中，包含了数据透视表中所有的数据字段（也称为数据列表），用户可以通过下列 3 种方法来完成数据透视表字段的添加。

- 用鼠标拖曳"数据透视表字段"任务窗口的"选择要添加报表的字段"列表框中的字段名称，到指定的"筛选""行""列"或"值"区域。考虑到拖曳字段方法的便捷性和易控性，推荐用户使用该方法。
- 在"选择要添加到报表的字段"列表框中的字段名称上右击，通过选择快捷菜单中的"添加到报表筛选""添加到行标签""添加到列标签"或"添加到数值"命令，也可将该字段添加到指定区域。
- 在"选择要添加到报表的字段"列表框的字段列表中，直接单击选中各字段名称前面的复选框，这样 Excel 会自动根据该字段的数据类型来将其放置在数据透视表的默认区域。

2. 删除和移动字段

当某一区域中的字段不再需要时，用户可以通过在该区域中单击该字段名称，选择"删除字段"命令对其删除。同时，Excel 还支持用鼠标拖曳字段到区域外的方法删除字段。

最常用的跨区域的字段移动方法，使用鼠标拖曳字段到目标区域即可，如从"行"区域拖曳某个字段到"列"区域的移动。当然用户也可以在响应的任务窗口单击所需移动的字段，在打开的下拉列表中选择需要移动到其他区域的命令，如"移动到行标签""移动到列标签"或者"移动到报表筛选"等命令。

3. 设置值字段

默认情况下，数据透视表的数值区域显示为求和项。用户可以根据需要进行相应的设置，如平均值、最大值、最小值、计数、乘积、标准偏差和方差等。

用户通过在"数据透视表字段"任务窗口的"值"栏中单击字段，在打开的列表中选择"值字段设置"选项，从而打开"值字段设置"对话框。在"值汇总方式"选项卡的"计算类型"列表框中选择字段计算的类型（如"平均值"），在"值显示方式"选项卡中设置数据显示的方式（如无计算），然后再单击"确定"按钮，即可完成值字段的设置。

> **小技巧**　在数据透视表中选择某个值字段，在"数据透视表工具组'分析'"选项卡的"活动字段"组中，单击"字段设置"按钮，也同样也可打开"值字段设置"对话框。

4. 清除数据透视表

清除数据透视表是指清除当前所有的报表筛选、标签、值和格式等内容，重新恢复到数据透视表的初始状态。该操作可以重新设置数据透视表，但不会将其删除，且数据透视表的数据连接、位置和缓存都保持不变。

首先将光标定位到数据透视表任一单元格，然后依次执行"数据透视表分析"→"操作"→"清除"命令，在打开的列表中选择"全部清除"命令，即可完成数据透视表的清除操作。

5.5.4 删除数据透视表

数据透视表不单支持用户使用下拉列表的方式，删除数据透视表的部分数据，也支持将其作为一个整体一次性删除。当用户要删除整个数据透视表时，需要先将光标定位到数据透视表中的任一单元格，然后依次执行"数据透视表分析"→"操作"→"选择"→"整个数据透视表"命令，完成整个数据透视表的选择。然后，按键盘上的 Delete 键删除即可。

5.5.5 使用切片器

数据透视表具有数据筛选功能，对应"数据透视表字段"任务窗口的"筛选"区域。而切片器就是为了简化数据筛选操作的一个便捷组件，它是由一组字段按钮组成。用户可以通过单击切片器中的相应按钮，完成数据透视表的数据筛选。如将"销售地区"作为筛选字段，那么切片器上就会出现各个销售地区的按钮，单击某个销售地区按钮，数据透视表中的数据就动态显示为该地区的数据。

用户将光标定位到数据透视表任一单元格，依次执行"数据透视表分析"→"筛选"→"插入切片器"命令，打开"插入切片器"对话框，如图 5-13 所示。

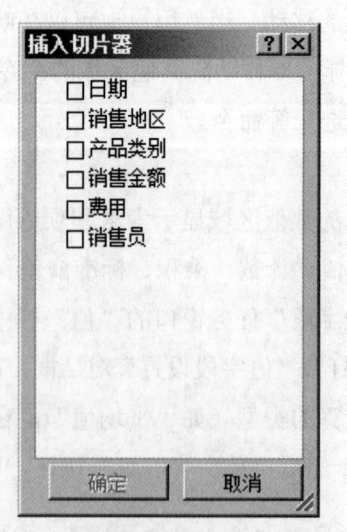

图 5-13 "插入切片器"对话框

在该对话框中，用户可以勾选字段前的复选框，完成后单击"确定"按钮完成切片器的插入。与此同时，当用户选中切片器时，系统还会自动激活"切片器工具"的选项卡，如图 5-14 所示。

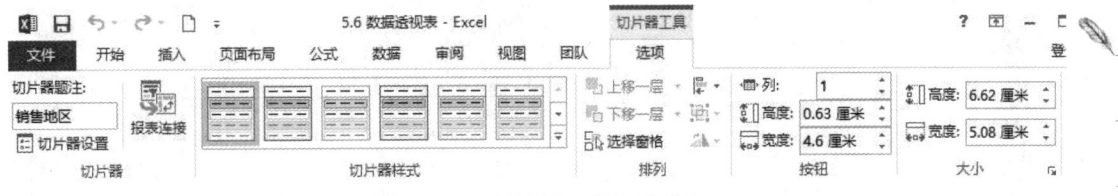

图 5-14 "切片器工具"选项卡

在"切片器工具"选项卡中，用户可以设置切片器、切片器样式按钮的大小以及排列等。

在选中切片器的前提下，按键盘上的 Delete 键，可以删除切片器。

> **小技巧**：选择切片器上的某个筛选项后，在切片器的右上角会出现"清除筛选器"按钮。用户可以单击其他筛选项变换筛选条件，也可以单击切片器右上角的"清除筛选器"按钮清除筛选条件，即显示全部数据。

5.6 数据透视图

数据透视图是数据透视表的图形化显示，它能够对数据透视表中的汇总数据更为直观形象地呈现，从而方便用户浏览、对比，以及对数据发展趋势进行分析。数据透视图具有数据系列、分类、数据标记和坐标轴等元素，同时数据透视图还包含了与数据透视表所对应的其他特殊元素。

5.6.1 创建数据透视图

数据透视图和数据透视表关联密切，数据透视图是用图表的形式表示数据透视表，使得数据更加直观，透视图和透视表中的字段是完全一致的。如果更改两者其中一个的数据，则另一个对象中的相应数据也会随之改变。

如果工作表里已经创建了数据透视表的话，那么用户可以直接通过现有的数据透视表来创建数据透视图。首先将光标定位到数据透视表中的任一单元格，然后依次执行"数据透视表分析"→"工具"→"数据透视图"命令，打开"插入图表"对话框。在该对话框中选择所需的数据透视图表类型，然后单击"确定"按钮，即可创建出所需的数据透视图，且激活数据透视图工具的"分析""设计"和"格式"选项卡。

除了上述在数据透视表的基础上创建数据透视图之外，Excel 还支持由数据区域直接创建数据透视图（同时也会创建一个数据透视表）。这个创建过程与创建数据透视表类似，用户首先将光标定位到数据区域任一单元格，然后依次执行"插入"→"图表"→"数据透视图"命令，从而打开"创建数据透视图"对话框。在该对话框中，设置数据透视表和数据透视图的数据源，以及存放位置，然后单击"确定"按钮，创建一个空白的数据透视表和数据透视图，并打开"数据透视图字段"任务窗口，如图 5-15 所示。

此时，用户可以参考前面介绍过的数据透视表的创建方法，分别设置"数据透视图字段"，从而完成数据透视表和数据透视图的创建。

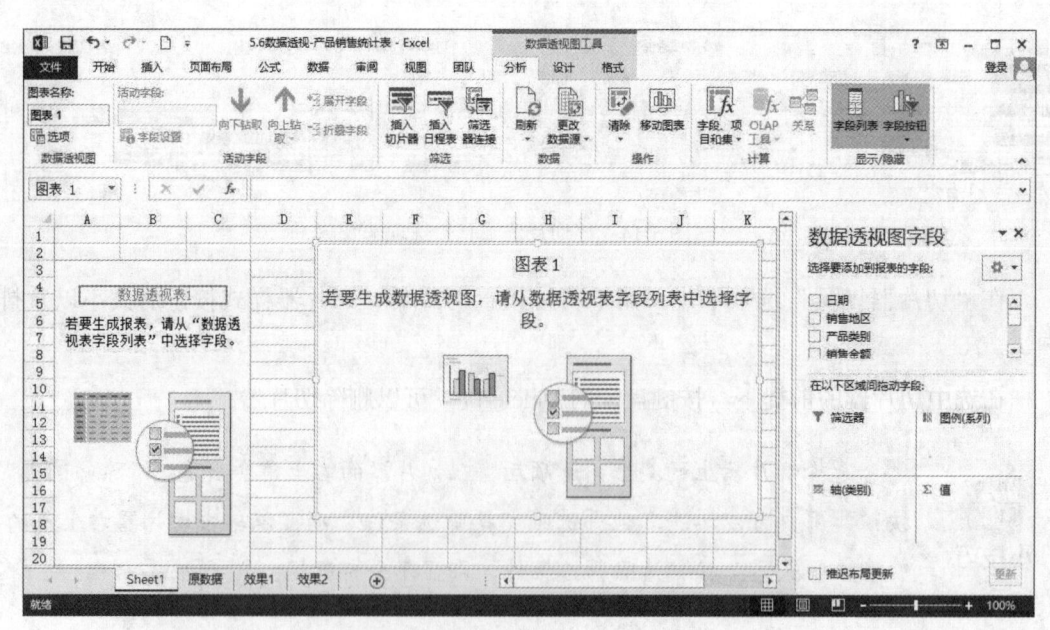

图 5-15　创建数据透视表与数据透视图

5.6.2　设置数据透视图

由于数据透视图不仅具有数据透视表的交互功能，还具有图表的图释功能，因此数据透视图和图表的设置方法基本相同。用户选中数据透视图时，选项卡中会级联出现"数据透视图工具"组"分析""设计""格式"选项卡。

其中，"分析"选项卡负责设置数据筛选、数据编辑和图表等多种操作，"设计"选项卡负责设置数据透视图的图表样式、布局和数据来源，而"格式"选项卡负责设置数据透视图的显示外观格式等，如图 5-16 所示。

图 5-16　"数据透视图工具"组"分析"选项卡

考虑到数据透视图的操作和数据透视表的操作大体相同，不再重复介绍，用户可以参考数据透视表章节内容进行学习。

5.7　图　　表

图表也是 Excel 数据分析的重要组成部分，它能够将数据以图形的方式进行展示（如柱形图、折线图和饼图等），从而使得数据表现更为形象、美观，易于用户接受。同时，图表还具备分析数据、查看数据差异、预测走势，以及发展趋势等功能，为数据分析带来了新的体验。

柱形图是 Excel 默认的图表类型，通常用于描述不同数据变化的情况，或者描述不同类别数据之间的对比，也可以用于描述不同时期、不同类别的数据变化；折线图是用直线段将各个数据点连接起来而组成的图表,通常折线图用来分析数据随时间的变化趋势,也可用来分析多组数据随时间变化的相互作用和影响;饼图是将一个圆划分为若干个扇形,每个扇形代表数据系列中的一项数据值,其大小用来表示相应数据项占该数据系列总和的比例值。除了上述 3 种图表外,Excel 还有面积图、XY 散点图、股价图、曲面图、圆环图、气泡图和雷达图等多种类型的图表形式,用户可以根据自己的需要进行选择。

Excel 各种类型图表的结构虽有不同,但总体而言,图表结构和功能基本类似。一般情况下,图表包括图表标题、坐标轴(分类轴和数值轴)、绘图区、数据系列、网格线、图例等部分。其中,图表标题是对图表内容的概括描述,用于说明图表的中心内容;图例通过采用不同色块,来表示图表中的数据分类;绘图区是图表中描绘图形的区域,其形状是根据表格数据形象化转换而来,绘图区主要包括数据系列、坐标轴和网格线等内容;数据系列是由数据表格中的数据转化而成,是图表内容的主体部分;坐标轴分为横坐标轴和纵坐标轴,一般来说横坐标轴是分类轴用于对项目进行分类,纵坐标轴为数值轴用于显示数据大小;网格线是配合数值轴对数据系列进行度量的参考线,网格线之间是等距离间隔,用户可根据需要自行设置间隔距离。

5.7.1 创建图表

用户创建图表时,首先需要制作或打开一个数据依据工作表,即根据这个工作表中的数据来创建图表。然后选择工作表中的相应数据区域,再去创建各种类型的图表。在选中数据单元格区域后,依次选择"插入"→"图表"组中相应的图表类型按钮,并在其下拉列表中选择相应图表的具体类型,即可快速完成图表的创建。

创建 Excel 图表都是根据工作表数据来创建的,当用户没有选择数据区域(此时只选择了一个单元格),Excel 也会智能地将紧邻该单元格的数据区域作为图表数据源来创建图表。尽管 Excel 十分智能,但为了减少错误的发生,建议用户尽量还是通过先选择单元格区域再创建图表的方法创建图表。

5.7.2 编辑图表

Excel 图表原则上会随着数据源中数据的变化而动态更新。除原数据源数据改变而引起的图表自动更新外,用户还可以通过把已复制的数据粘贴到图表中的方式,来向图表添加数据,以及在图表中选中数据系列,按 Delete 键对图表中的系列进行删除。

Excel 图表创建后,允许用户再次修改。当用户选中某个图表时,Excel 会激活"图表工具"组,该工具组主要包含"设计"和"格式"2 个选项卡,如图 5-17 所示。用户可通过使用这些选项卡,对选定图表进行编辑。

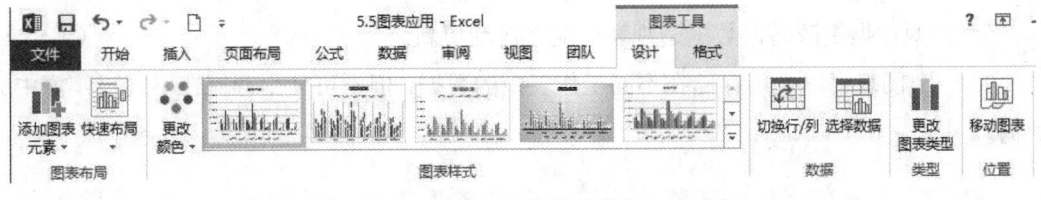

图 5-17 "图表工具"组"设计"选项卡

1. 图表设计

"图表工具"组"设计"选项卡是针对图表外观设置的，用户可以通过该选项卡完成例如图表类型、图表样式和图表布局等相关操作。用户可以通过"设计"选项卡中的相关命令来完成操作，如更改图表类型（用于修改当前的图表类型）、切换行列（用于交换当前图表坐标轴，即 X 轴和 Y 轴交换）、设置图表布局、设置图表样式和移动图表位置等。

2. 图表格式

"图表工具"组的"格式"选项卡，主要用于对图表的格式设置，如图 5-18 所示。用户可以根据需要，设置图表的形状样式（用于设置图表形状的填充、轮廓和形状效果等）、艺术字样式、更改排列（对于图表有多个元素时，设置各元素的层次顺序）和大小等操作。

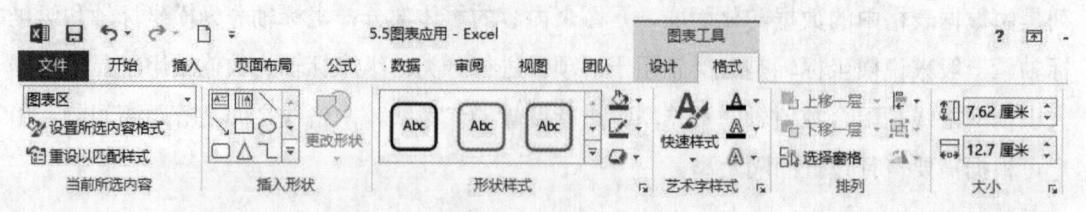

图 5-18 "图表工具"组"格式"选项卡

> **小技巧**　在"形状样式"和"大小"组中单击右下侧的扩展按钮，或在选中的对象上右击，在弹出的快捷菜单中选择"设置绘图区格式"命令，都可以打开"设置绘图区格式"任务窗口，用户可更加详细地进行格式设置。

5.8 本章习题

一、判断题

1. 同一个单元格或区域可设置多个规则，在"条件格式规则管理器"对话框中越靠上面的规则级别越低。　　　　　　　　　　　　　　　　　　　　　　　　（　　）
2. Delete 键可不仅可以删除单元格内容，也可删除该单元格所应有的条件格式。
　　　　　　　　　　　　　　　　　　　　　　　　　　　　　　　　　　（　　）
3. 条件格式的公式规则必须是可返回 TRUE 或 FALSE 的逻辑公式。　　（　　）
4. 排序不仅可以依据数值大小排序，也可按格式排序。　　　　　　　（　　）
5. 图表中选定特定的数据标签只需鼠标间隔单击特定对象即可。　　　（　　）
6. 当源数据更改时，数据透视表会随之自动更新。　　　　　　　　　（　　）
7. 一个图表可以使用存储在不同工作表中的数据，但不可使用存储在不同工作簿中的数据。　　　　　　　　　　　　　　　　　　　　　　　　　　　　　（　　）

二、选择题

1. 下面说法正确的是（　　）。
    A．分列是将一个单元格内容分隔成多个单独的列显示
    B．Excel 中排序功能的依据只能是数值
    C．合并计算功能是对两个表的数据进行计算合为一个表
    D．高级筛选就是自定义筛选

2. 关于分类汇总说法正确的是（　　）。
    A．有两个或以上分类字段的汇总就是多重汇总
    B．分类汇总的结果只能分页显示
    C．汇总结果只能显示数据下方
    D．分类汇总操作之前，必须对分类字段进行排序

3. 在 Excel 中，删除工作表中与图表链接的数据时，图表将（　　）。
    A．被删除　　　　　　　　B．必须用编辑器删除相应的数据点
    C．不会发生变化　　　　　D．自动删除相应的数据点

4. 能够实现对表区域查看源数据的不同汇总结果的数据处理功能是（　　）。
    A．数据筛选　　B．数据透视　　C．数据排序　　D．数据验证

5. 对单元格区域可设置彩色图标集的功能是（　　）。
    A．表格样式　　　　　　　B．单元格样式
    C．页面布局　　　　　　　D．条件格式

6. 在 Excel 中，图表的源数据发生变化后，图表将（　　）。
    A．不会改变　　　　　　　B．发生改变，但与数据无关
    C．发生相应的改变　　　　D．被删除

7. 一般来讲，当区域内的单元格输入条件格式公式时，需要引用（　　）。
    A．区域第一个活动单元格　　B．区域最后一个活动单元格
    C．区域右下角活动单元格　　D．区域左上角活动单元格

8. 对区域中包含文本的单元格应用底纹使用（　　）功能最方便。
    A．单元格样式　　　　　　B．条件格式
    C．底纹　　　　　　　　　D．填充柄

9. 下面说法正确的是（　　）。
    A．图表既可以嵌入到工作表中，也可以显示在单独的图表工作表中
    B．并不是所有图表都有一个图表区域和绘图区
    C．在图表中使用的数据需要位于连续的单元格中
    D．图表是静态的，不会自动更新数据

10. 将嵌入式图表移动到另一个工作簿中的操作是（　　）。
    A．剪贴　　　　　　　　　B．鼠标左键拖动
    C．移动图表　　　　　　　D．Shift+鼠标左键拖动

11. 下面说法正确的是（　　）。
    A．XY散点图的两个轴显示的都是数值，没有分类轴
    B．饼图中使用的值必须都为正数
    C．折线图通常绘制连续的数据，可使用任意数目的数据系列
    D．以上都正确
12. 关于数据透视表和数据透视图说法正确的是（　　）。
    A．数据透视图及其相关联的数据透视表必须始终位于同一个工作簿中
    B．源数据区域必须具有列标题，且不能包含空白行
    C．删除数据透视图不会删除相关联的数据透视表
    D．以上都正确
13. 关于筛选说法正确的是（　　）。
    A．筛选按钮只能实现多列标题的与条件数据
    B．高级筛选只能实现多列标题的或条件数据
    C．高级筛选的条件区域中，与条件不同行，或条件同一行
    D．以上都正确

三、思考题

1．思考如何使用条件格式，快速设置表格样式便于用户阅读？

2．结合日常工作生活中使用排序、筛选功能的案例，思考总结操作过程中的注意要点有哪些？

3．思考总结数据透视表和分类汇总、数据筛选之间的关系，用数据透视表是否可以代替分类汇总、数据筛选？

第6章 数据保护

数据保护是数据处理过程中必须关注的问题,包括数据的保密性和安全性等。在日常工作中,如何保护工作表,以及工作表中的关键数据、公式不被无权或越权用户查看、篡改或删除等违规操作,是数据保护研究的重点内容。本章主要介绍工作表、工作簿和文件的保护,以及相关的工作表窗口冻结和拆分等内容。

知识目标

- 理解工作表保护的作用和意义。
- 理解工作簿保护的作用和含义。
- 理解文件保护的作用和意义。
- 理解窗口冻结和拆分的作用和含义。

能力目标

- 掌握工作表保护的操作方法。
- 掌握工作簿保护的操作方法。
- 掌握文件保护的操作方法。
- 掌握窗口冻结和拆分的操作方法。

思维导图

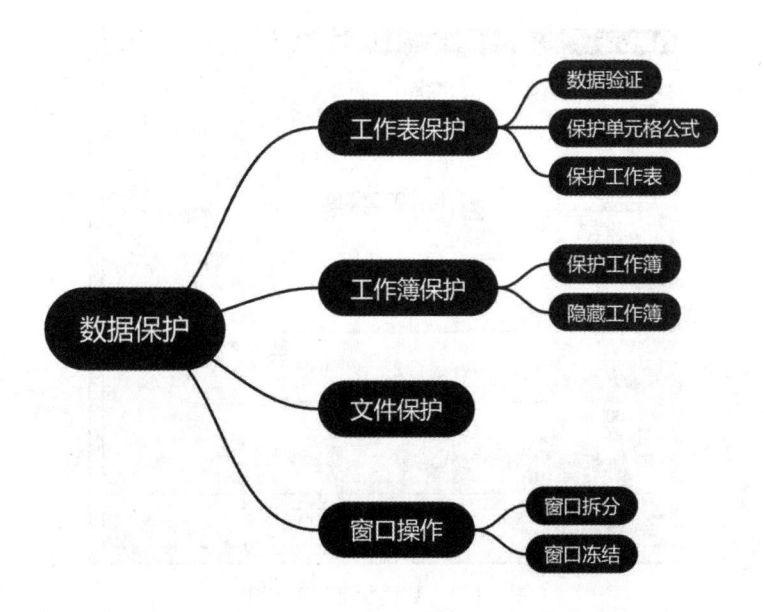

```
                          ┌── 数据验证
              ┌─ 工作表保护 ├── 保护单元格公式
              │           └── 保护工作表
              │
              │           ┌── 保护工作簿
数据保护 ─────┼─ 工作簿保护 └── 隐藏工作簿
              │
              ├─ 文件保护
              │
              │           ┌── 窗口拆分
              └─ 窗口操作  └── 窗口冻结
```

6.1　工作表保护

对于一个企业来说，数据的重要性不言而喻。Excel 表格作为数据处理软件，往往会涉及各种重要的数据，数据的保护必不可少。在数据保护方面，Excel 为用户提供了针对单元格公式、工作表、工作簿和文件的多种保护措施，以及针对工作表窗口拆分和冻结等多种操作，进而达到保护数据安全的目的。

6.1.1　数据验证

数据验证，又称数据有效性，是 Excel 提供用于定义在单元格内允许录入的内容规范，可以有效防止用户输入无效数据。如考试成绩必须为 0～100 之间的整数，性别必须为"男""女"等。当用户输入无效数据时，Excel 会发出相应的警告，甚至显示相关提示信息，进而引导用户完成正确的数据录入。

下面以"成绩"数据限制为 0～100 之间的整数为例，介绍数据验证的使用方法。首先，选择需要进行数据验证的单元格区域，然后依次执行"数据"→"数据工具"→"数据验证"（或"数据有效性"）命令，打开"数据验证"对话框，如图 6-1 所示。在"设置"选项卡中设置验证条件，依次设置"允许"为"整数"，"数据"为"介于"，"最小值"为"0"，"最大值"为"100"，并勾选"忽略空值"选项，从而完成验证条件的设置。然后切换到"输入信息"选项卡，依次输入"标题"为"录入考试成绩"，"输入信息"为"考试成绩应该为 0～100 的整数"，并勾选"选定单元格时显示输入信息"选项，完成单元格激活时的提示信息设置。最后切换到"出错警告"选项卡，依次输入"标题"为"发生错误"，"错误信息"为"成绩必须为 0～100 的整数，请核对"，并勾选"输入无线数据时显示出错警告"选项，完成出错警告设置。单击"确认"按钮，关闭"数据验证"对话框，完成数据验证设置。

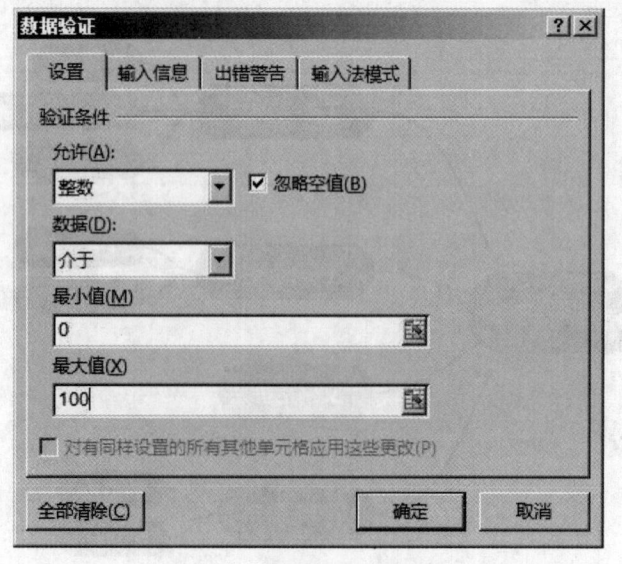

图 6-1　"数据验证"对话框

上述设置过程中，设置"验证条件"是必须步骤，设置"输入信息"和"出错警告"为可选操作，用户可根据需要自行选择设置。

对于已有数据区域，后限制"数据验证"的情况，Excel 则无法完成数据限制。但 Excel 提供了在数据验证的基础上，通过执行"数据"→"数据工具"→"数据验证"右侧下拉列表框→"圈释无效数据"命令来标识违反数据验证规则的数据。相应的"清除验证标识圈"命令，则可以取消标识。

6.1.2 保护单元格公式

为了保证单元格中数据的安全，Excel 为单元格设计了锁定和隐藏选项，默认情况下，Excel 单元格处于锁定状态，用户也可以根据需要自行设置。首先选中要设置的单元格或单元格区域，然后选择右击快捷菜单中的"设置单元格格式"命令（或使用组合键 Ctrl+1），在打开的"设置单元格格式"对话框中切换到"保护"选项卡，如图 6-2 所示。

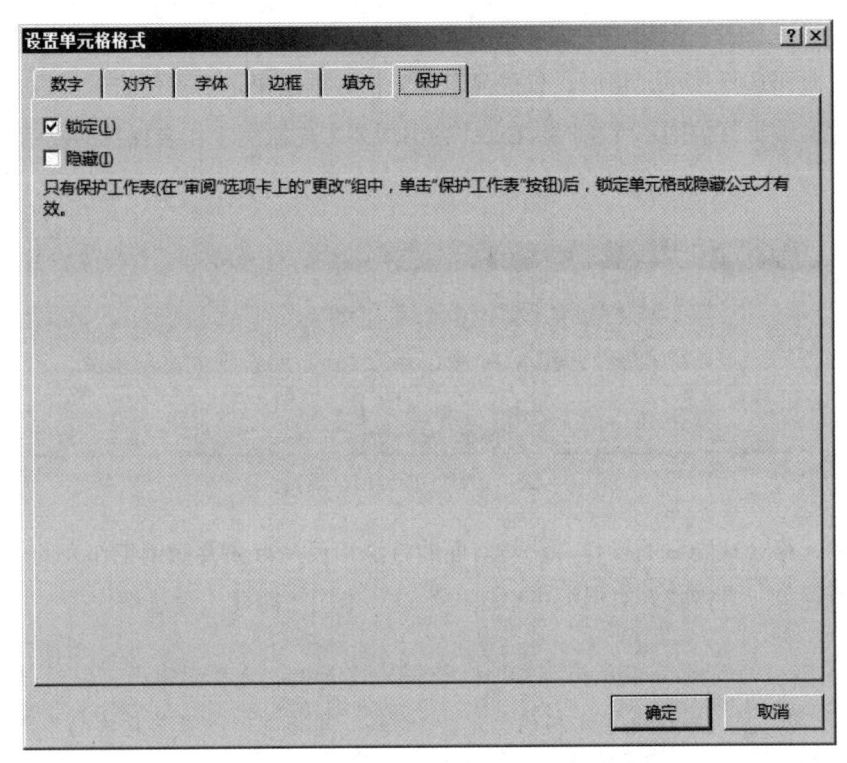

图 6-2 "设置单元格格式"对话框"保护"选项卡

在该窗口中，通过勾选（或取消勾选）"锁定"和"隐藏"复选框，完成单元格中的内容保护。

考虑到数据的保密，用户可以将单元格内的公式隐藏，这样可以在不影响数据浏览和打印的前提下，对单元格内的公式起到很好的保护。用户需要在上述的"保护"选项卡中，勾选"隐藏"选项。完成该操作后，并不能够达到真正隐藏单元格公式的目的，这是因为该操作还需要结合"保护工作表"命令，共同使用才能生效。也就是说，用户在设置单元格为"隐藏"后，还需要依次执行"审阅"→"保护"→"保护工作表"命令（或右击该工作表标签，执行"保护工作表"快捷命令），打开"保护工作表"对话框，如图 6-3 所示。

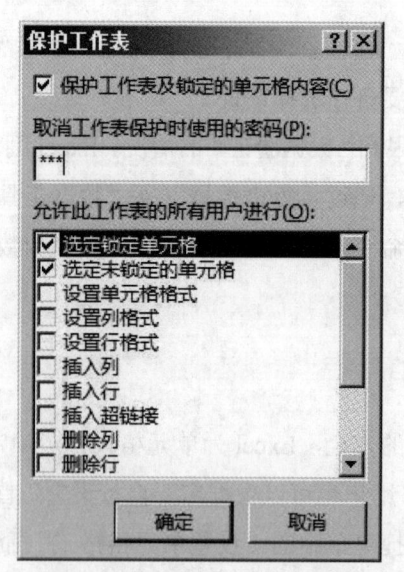

图 6-3 "保护工作表"对话框

在"保护工作表"对话框中选择相应的权限，并设置保护密码，从而完成单元格公式的隐藏。这时再选择该单元格时，仅能显示单元格数据结果，而不能查看其内在公式。当用户强行尝试编辑保护的单元格时，Excel 会出现要求先撤销工作表保护的提示，如图 6-4 所示。

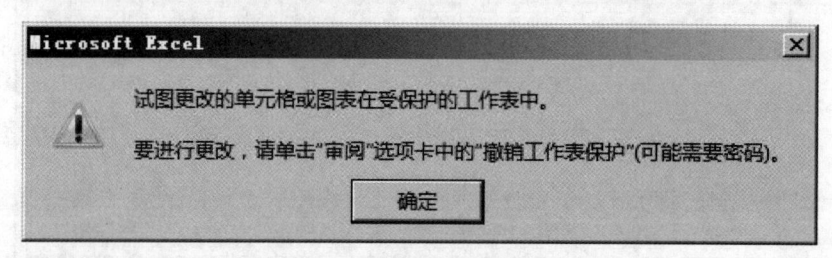

图 6-4 撤销工作表保护提示

取消单元格公式隐藏的操作方法与前面的方法相反，首先要撤销工作表的保护，并取消勾选"设置单元格格式"对话框中"保护"选项卡的"隐藏"复选框。

> **小技巧** 在"设置单元格格式"对话框的"保护"选项卡中，可以通过选择"锁定"复选框设置单元格的锁定，"隐藏"复选框可设置单元格的隐藏。为了使其设置生效，还必须完成工作表的保护功能设置。

6.1.3 保护工作表

为了防止未授权用户查看和修改工作表数据和结构，Excel 提供了完善的工作表保护功能。用户可以通过设置密码，来禁止非授权用户进行非法操作。该操作适用于工作表的保护，保护后的工作表只允许查看，不允许编辑。同时，针对已隐藏的行、列，非授权用户也将无法查看和修改。

用户可以首先设置隐藏单元格、隐藏行或列，然后再依次执行"审阅"→"保护"→"保护工作表"命令。在打开的"保护工作表"对话框中设置保护范围，进而限制非授权用户的使用权限，并设置取消保护密码，完成后单击"确定"按钮，再次输入"确认密码"，单击"确定"按钮，从而完成工作表的保护设置。

通过上述操作，针对工作表的相关操作命令会被禁止，呈现灰色不可用状态。上述操作方法，也可以通过右击工作表标签执行相应的快捷菜单命令来实现。

针对设置过工作表保护的工作表，用户可以通过依次执行"审阅"→"保护"→"撤销工作表保护"命令，并输入相应的密码来解除工作表保护。

除了对工作表进行加密保护外，用户也可以对工作表进行隐藏操作，从而更改工作表的默认显示。用户只需要右击工作表标签，选择快捷菜单中的"隐藏"命令，就可完成工作表的隐藏操作。当需要恢复隐藏工作表的显示时，在任意一个工作表标签上右击，选择快捷菜单中的"取消隐藏"命令，弹出"取消隐藏"对话框，并选择相应隐藏的工作表名称即可，如图6-5所示。

图6-5 "取消隐藏"对话框

隐藏、删除或移动选定的工作表前，工作簿内至少含有一张可视工作表，否则系统将不允许隐藏、删除或移动工作表。另外，考虑到取消工作表隐藏过于简单，很容易被非法用户破解。一般情况下，工作表的隐藏保护常与工作簿保护结合使用，进而达到必须输入取消隐藏密码才可以恢复显示的目的。

> **小技巧** 用户在设置保护密码时，要适当注意密码的复杂度，避免过于简单被非法用户破解。同时还要牢记密码，以免遗忘而无法取消工作表保护。另外输入密码时要注意区分字母大小写状态。

6.2 工作簿保护

除了对工作表的各种保护操作之外，Excel还针对工作簿提供了隐藏和设置权限密码等保护措施，进一步提高了数据的安全性。

6.2.1 保护工作簿

为了有效防止工作簿的结构不被修改，用户可以通过工作簿的保护功能来实现。针对工作簿的保护主要有保护工作簿的结构和窗口，以及对工作簿加密等操作方法。

在工作簿保护之前，用户应首先将工作簿中的结构进行设置（如隐藏工作表等）。设置完成后，再依次执行"审阅"→"保护"→"保护工作簿"命令，打开"保护结构和窗口"对话框，如图6-6所示。

图6-6 "保护结构和窗口"对话框

在该对话框中，用户根据需要勾选保护"结构"或"窗口"复选框。其中，如果勾选"结构"复选框，则表示该工作簿中的工作表不能够新建、移动、删除、隐藏或重命名等操作，但允许用户对工作表中的数据进行编辑。而如果勾选"窗口"复选框，则表示每次打开的工作簿窗口都具有固定的位置和大小（该功能仅适用于Excel 2010之前的版本，在Excel 2013版中不再适用）。然后依次输入"密码"并"确认密码"，完成工作簿的保护。

> 小技巧　当撤销工作簿的保护时，用户可以依次执行"审阅"→"保护"→"保护工作簿"按钮，在打开的"撤销工作簿保护"对话框中输入工作簿的保护密码，然后单击"确定"按钮即可。

6.2.2 隐藏工作簿

与前面介绍的工作表隐藏操作类似，Excel也支持工作簿的隐藏操作。这里所说的工作簿隐藏是指工作簿里的所有工作表隐藏，而不是将工作簿文件本身隐藏，也就是说Excel文件本身还是显示在磁盘里，但该文件打开后看不到任何工作表。

当对工作簿设置隐藏操作时，用户首先打开一个工作簿，然后依次执行"视图"→"窗口"→"隐藏"命令，从而将该工作簿里的全部工作表隐藏。此时，"视图"选项卡中的"隐藏"按钮会变成灰色不可用，而"取消隐藏"按钮被激活。用户可以通过单击"取消隐藏"按钮，并选择相应的工作簿名称，恢复隐藏工作簿的显示。

6.3 文件保护

和其他Office组件一样，Excel也提供了文件密码保护设置。用户仅需依次执行"文件"→"另存为"命令，在打开的"另存为"对话框中，设置文件的保存位置和文件名。对于文件设置密码保护，则需要选择该对话框中"工具"按钮右侧下拉列表中的"常规选项"命令，从而打开"常规选项"对话框，如图6-7所示。

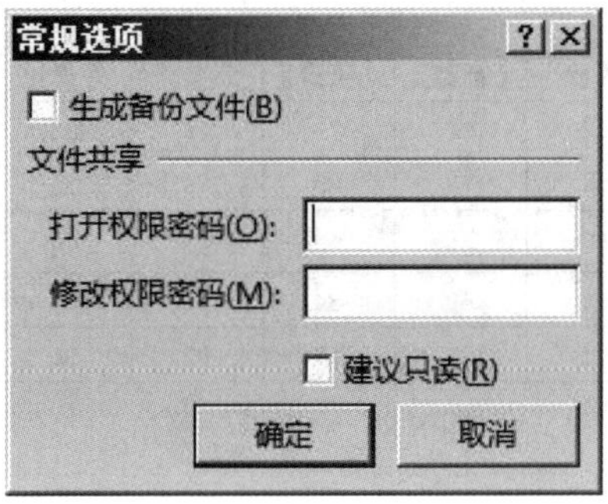

图 6-7 "常规选项"对话框

在该对话框中，用户依次输入"打开权限密码"和"修改权限密码"，打开和修改密码可以不一样（同时，用户也可以根据需要只设置其中一项密码），然后单击"确定"按钮。在弹出的确认密码对话框中重复输入确认密码，就完成了 Excel 文件密码的设置操作。

设置打开权限密码的 Excel 文件，在打开时会提示输入打开密码，只有输入正确的密码才可以打开。而设置了修改权限密码的文件，在打开时如果不能提供修改密码，但可以提供打开密码时，工作簿会以只读方式打开（只读方式打开的工作簿，只允许查看但不允许修改），只有打开密码和修改密码都输入正确时，文件才可以正常打开和编辑。

6.4 窗 口 操 作

在一个具有多行和多列的工作表中，想对比该工作表中相隔较多行的两行数据，或相隔较多列的两列数据时，往往不便于观察和对比。Excel 提供的窗口冻结和拆分功能，能够十分有效地解决这类问题。

6.4.1 窗口拆分

窗口拆分是指将默认的一个 Excel 工作窗口，拆分成两个水平方向窗口，两个垂直方向窗口，或水平和垂直交叉的四个窗口。当窗口拆分成两个水平方向窗口时，用户可以任意滚动滚轮，上下调整位置查看任意一个窗口的数据，而另一个窗口位置保持固定不变。从而就可以十分方便地对比任意两行的数据，非常适合于多行数据中任意两行数据对比。而将窗口拆分成两列时，就可以实现任意两列数据的对比。

窗口拆分功能更具有很强的灵活性，能够很好地解决多行或多列数据间隔情况下的数据对比问题。

当用户想要水平方向拆分窗口时，用户可以将光标定位到第一列目标单元格内，然后依次执行"视图"→"窗口"→"拆分"命令，Excel 就会在活动单元格的上方产生一条水平分割线，将窗口分割成上下相互独立的两个部分，如图 6-8 所示。

而将光标定位到第一行的目标单元格，并执行上述命令的话，则会在活动单元格的左侧产生一条垂直分割线，将窗口分割成左右相互独立的两个部分。而光标定位在非第一行和非第一列时，则会以活动单元格左上角为分割线，将屏幕分隔为水平和垂直交叉的 4 个窗口，如图 6-9 所示。

	A	B	C	D	E	F	G	H	I	L	M
1	学号	姓名	民族	高数	英语	专业课	计算机	政治	体育	总评成绩	对比
2	17090102010	姚猛	汉	93	71	76	63	76	95	474	37
3	17090102011	杨宇超	汉	77	85	78	76	77	98	491	54
4	17090102012	黄志祥	汉	61	72	83	75	78	69	438	1
5	17090102013	李强	汉	69	84	76	88	0	70	387	−50
6	17090102014	郭纾言	汉	83	79	82	90	93	58	485	48

图 6-8　水平拆分窗口

	A	B	C	D	E	F	G	H	I	L	M
1	学号	姓名	民族	高数	英语	专业课	计算机	政治	体育	总评成绩	对比
2	17090102010	姚猛	汉	93	71	76	63	76	95	474	37
3	17090102011	杨宇超	汉	77	85	78	76	77	98	491	54
4	17090102012	黄志祥	汉	61	72	83	75	78	69	438	1
5	17090102013	李强	汉	69	84	76	88	0	70	387	−50
6	17090102014	郭纾言	汉	83	79	82	90	93	58	485	48

图 6-9　中间拆分窗口

同时，Excel 还支持分割线的位置调整。当用户窗口拆分的比例不满意时，可以通过鼠标拖动分隔线重新调整。当不需要窗口拆分时，用户可以通过双击分割线（或者拖动分割线到窗口边缘）来取消分割。除此之外，用户也可以通过再次单击"拆分"按钮来取消窗口拆分。

6.4.2　窗口冻结

窗口拆分能够有效解决间隔多行或多列间隔的数据对比问题，而针对于若每一行（或列）数据都要和工作表的标题行（或列）相对应，虽然使用窗口拆分也可以实现，但还是有些不够方便，外观上也不太美观。

Excel 在窗口拆分的基础上，又提供了窗口冻结功能，它是专门用于将工作表标题固定在最前面的操作。当工作表行（或列）标题被冻结时，标题将固定出现在工作表的第一行（或第一列），不随工作表数据行（或列）的位置变化而变化，从而达到便于数据和标题之间的对照。

在 Excel 中，冻结窗口主要有冻结首行、冻结首列和冻结拆分窗口等 3 种形式。其中，冻结首行是将工作表中的第一行冻结，当垂直滚动浏览工作表时首行位置保持不动。冻结首列是将工作表中的第一列冻结，当水平滚动浏览工作表时首列位置保持不动。冻结拆分窗格是将工作表按照活动单元格所在位置分成上、下、左、右 4 个部分，对左上方窗口进行冻结，滚动工作表其他部分时该区域保持行和列不动。

冻结首行和首列的操作方法类似，都是将光标定位到数据区域内任一单元格，然后依次执行"视图"→"窗口"→"冻结窗格"→"冻结首行"（或"冻结首列"）命令，此时在第一行下方（或第一列右侧）会出现一条横线，即完成了首行（或首列）的冻结。冻结首行效果如图 6-10 所示。

	A	B	C	D	E	F	G	H	I	L	M	N
1	学号	姓名	民族	高数	英语	专业课	计算机	政治	体育	总评成绩	对比	名次
20	17090102028	邢江毫	汉	80	83	92	56	84	61	456	19	18
21	17090102029	刘哲	汉	100	71	66	71	99	55	462	25	15
22	17090102030	季登科	汉	55	71	0	61	97	82	366	-71	33
23	17090102031	李康	回	81	90	96	84	55	79	495	58	4
24	17090102032	闫文莉	汉	57	67	97	65	59	60	405	-32	28

图 6-10　冻结首行效果

要进行冻结拆分窗口操作时，用户首先要定位活动单元格，然后依次执行"视图"→"窗口"→"冻结窗格"→"冻结窗格"命令。此时以活动单元格左上角为水平和竖直分隔线的交叉点，将屏幕分隔为 4 个窗口，左上方窗口被冻结。

完成上述任意一种冻结操作后，"冻结窗格"命令会变成"取消冻结窗格"命令。用户可以通过执行该命令取消窗口冻结，使得工作表恢复到原始默认状态。

6.5　本章习题

一、判断题

1. 在 Excel 中，可以对工作簿设置打开权限密码和修改权限密码，打开和修改密码可以不一样。（　　）

2. Excel 工作表窗口的拆分只能水平拆分。（　　）

3. Excel 默认情况下，可以通过选择"设置单元格格式"→"保护"选项卡中"锁定"和"隐藏"复选框，就可以实现单元格的公式隐藏，仅显示公式计算结果。（　　）

4. Excel 的"冻结首行"命令，是将工作表中的第一行数据冻结，从而实现垂直和水平浏览数据时首行数据的全部可见。（　　）

5. 通过"审阅"→"更改"→"保护工作簿"命令，在打开的"保护结构和窗口"对话框中选择"结构"选项，并设置密码，可以实现该工作簿内所有工作表名称禁止修改。（　　）

二、选择题

1. 在 Excel 中，要设置单元格的数据有效性，以下说法不正确的是（　　）。
   A．设置好的有效性，不能再进行更改
   B．可同时选择多个单元格设置其有效性
   C．通过设置单元格的数据有效性，可限定单元格内输入数值的范围
   D．若输入的数据违反了单元格的数据有效性，可显示错误

2. 对输入数据区域的每个单元格设置限制提示信息的功能是（　　）。
   A．批注　　　　　　　　　　B．文本框
   C．数据有效性　　　　　　　D．以上都不对

3. 关于 Excel 工作表，以下说法错误的是（　　）。
   A. 工作表的行可以隐藏　　　　B. 工作区可以隐藏
   C. 工作表可以隐藏　　　　　　D. 工作表的列可以隐藏
4. Excel 工作簿的窗口冻结的形式包括（　　）。
   A. 水平冻结　　　　　　　　　B. 垂直冻结
   C. 水平、垂直同时冻结　　　　D. 以上全部
5. 关于 Excel 工作簿的保护，包括（　　）。
   A. 隐藏工作簿　　　　　　　　B. 设置密码
   C. 保护工作簿　　　　　　　　D. 以上都正确

三、思考题

1. 结合日常工作生活实际案例，思考总结常用的文件保护方法有哪些？
2. 对比窗口拆分、冻结操作，思考它们的异同，以及各自的优点和使用场景。

第 7 章 文 件 打 印

为了使表格数据更具可读性，文件打印前应首先进行页面设置和打印预览，确认无误后，执行文件打印操作。作为文件输出的最后一道工序，文件打印有着至关重要的意义。本章主要介绍 Excel 文件页面设置中的页边距、纸张大小和方向、分页符，以及页眉页脚等具体内容。

知识目标

- 理解工作表页面设置中的页边距、纸张大小和方向的含义。
- 理解工作表打印预览的意义。
- 理解工作表页眉页脚的含义和作用。
- 理解工作表中分页符的含义和作用。

能力目标

- 掌握工作表页面设置中的页边距、纸张大小和方向的设置方法。
- 掌握工作表打印预览的使用方法。
- 掌握工作表分页符的使用方法。
- 掌握工作表页眉页脚的使用方法。
- 掌握工作表打印的相关操作方法。

思维导图

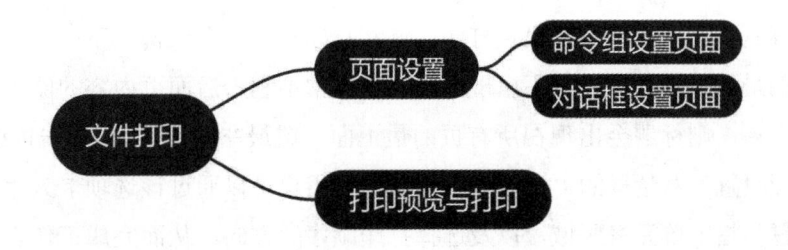

```
                              ┌─ 命令组设置页面
              ┌─ 页面设置 ───┤
文件打印 ─────┤              └─ 对话框设置页面
              │
              └─ 打印预览与打印
```

7.1 页面设置

默认情况下，Excel 文件打印采用 A4 纸张和默认页面格式。用户可以通过页面设置对工作表打印进行详细设置，如设置页边距、纸张方向、纸张大小和页眉/页脚等，进而规范工作表的打印效果。

用户可以通过执行"页面布局"→"页面设置"组中相应按钮命令，或使用"页面设置"对话框各个选项卡来完成页面设置，两者的作用相同。

7.1.1 命令组设置页面

"页面布局"选项卡下"页面设置"组中包含了有关工作表页面设置的常用命令，如页边距、纸张方向、打印区域和分隔符等。用户可以通过执行"页面布局"→"页面设置"组的相应命令完成页面设置。

"纸张方向"选项中包含有"纵向"和"横向"两个选项。系统默认为"纵向"，用户可以根据需要自行选择。

"纸张大小"选项默认是 A4 纸张，用户可以选择"其他纸张大小"命令来自定义纸张大小。

"打印区域"选项指定工作表要打印的数据范围，Excel 默认是打印整个工作表内容，用户可以通过下拉列表中"设置打印区域"命令，进而将所选的单元格区域设置为打印区域，完成打印区域设置后，该区域四周会以虚线标识。同时，用户还可以通过执行"取消打印区域"命令，取消打印区域设置。

"分隔符"选项是针对工作表要打印的记录较多的情况设计的。默认情况下，Excel 自动将工作表进行分页打印。而当用户需要在某个位置强制分页时，则可以插入分页符来完成。首先将活动单元格定位到要分页的位置，然后依次执行"分隔符"→"插入分页符"命令即可。此时工作表中会出现分页符标识（黑色实线），工作表将被分成了四个打印区域。而如果将活动单元格定位到数据第一列某单元格时，则工作表会被分成两个打印区域。分页符不需要时，可以将光标定位到插入分隔符的单元格，然后依次执行"分隔符"→"删除分页符"命令将其删除。也可以将光标定位到工作表任一单元格，然后执行"分隔符"→"重设所有分隔符"命令，删除整个工作表中的全部分隔符。

"打印标题"选项主要用于设置打印区域和打印标题。默认情况下，工作表标题出现在多页文件的最上面，且后续页不出现标题，这非常不利于后面页内容的阅读。而设置过"打印标题"后，则标题会出现在所有页的最上面（或最左侧）。用户单击按钮后，Excel 会打开"页面设置"对话框的"工作表"选项卡，用户可以通过该选项卡为"打印区域"和"打印标题"指定单元格区域，以及选择打印顺序的方向，从而完成工作表打印标题的设置，如图 7-1 所示。

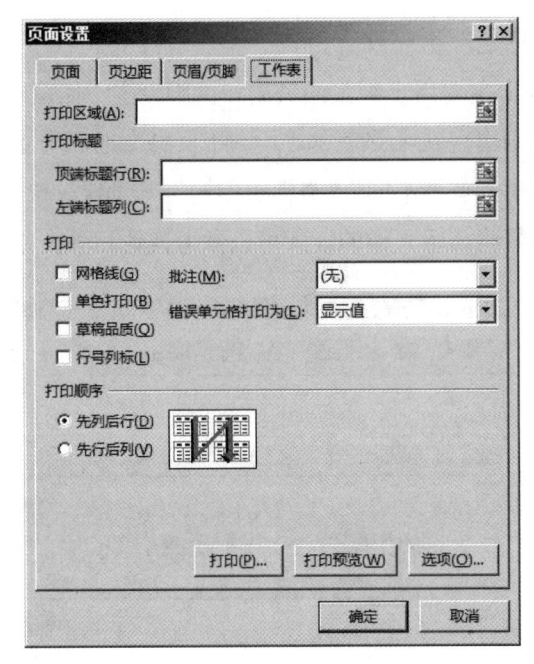

图 7-1 设置打印标题

7.1.2 对话框设置页面

除了使用"页面布局"选项卡命令组设置页面外，Excel 还支持使用对话框方式设置页面。用户可以依次执行"页面布局"→"页面设置"组右下角扩展按钮，打开"页面设置"对话框，如图 7-2 所示。

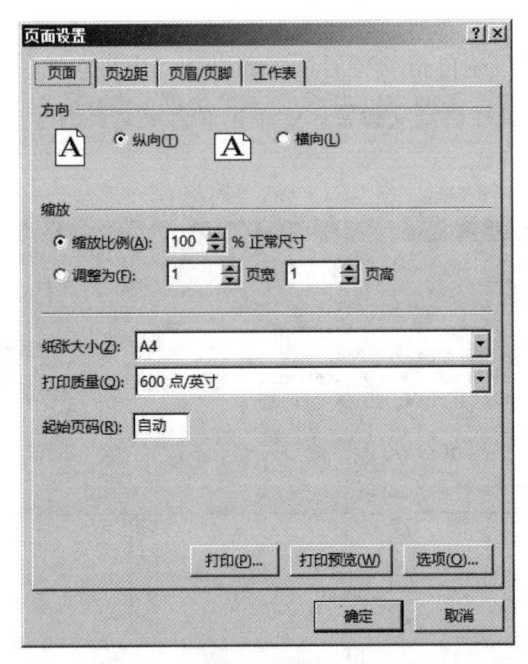

图 7-2 "页面设置"对话框

"页面设置"对话框中包含有"页面""页边距""页眉/页脚"和"工作表"4 个选项卡。其中，"页面"选项卡主要用于设置纸张方向和纸张大小；"页边距"选项卡用于设置纸张上下左右四个方向的间距；"工作表"选项卡用于设置打印标题、打印区域和打印方向等，与前文中的"打印标题"相一致。

"页眉/页脚"选项卡主要用于纸张的页眉和页脚设置，如图7-3所示。页眉出现在每一页纸张上方，而页脚则出现在纸张底部。"页眉/页脚"选项卡主要包含了页眉页脚内容的设置，以及与之相关的"首页不同""奇偶页不同"等设置。该部分知识与Word中的设置方法相同，这里不再赘述，感兴趣的读者可以参考其他相关资料。

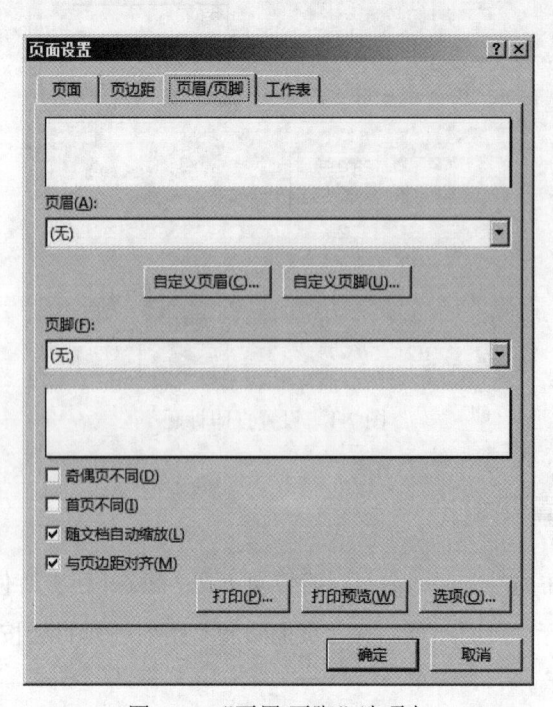

图7-3 "页眉/页脚"选项卡

用户除了可以使用系统自带的页眉页脚效果外，也可以通过单击"自定义页眉"和"自定义页脚"按钮来进行自定义设置。如单击"自定义页眉"按钮，打开"页眉"对话框，如图7-4所示。

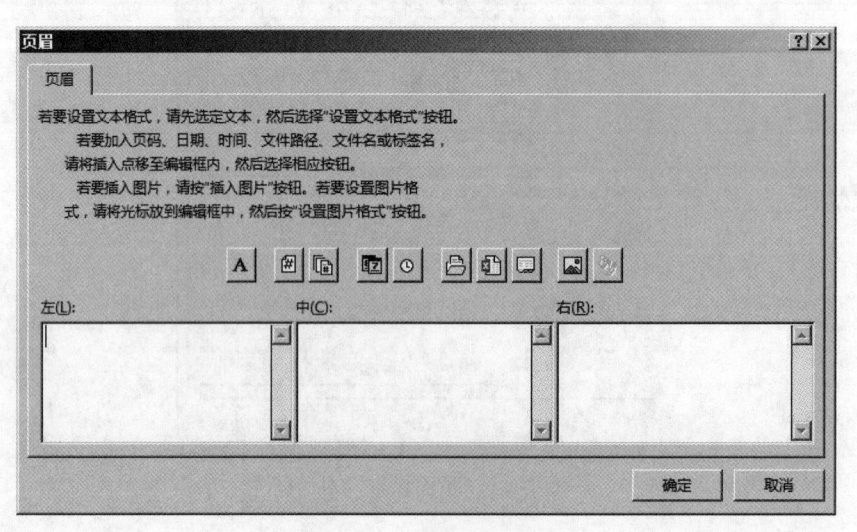

图7-4 "页眉"对话框

用户可以在该对话框中的左、中、右分别输入相关内容（或使用该窗口中的引用命令按钮输入占位符），完成设置后单击"确定"按钮，即可页眉页脚设置。

7.2 打印预览与打印

打印文件之前，一般都要进行打印预览，通过所见即所得的方式查看文件打印效果。打印预览功能是在屏幕上查看即将要打印文件的效果，以便在打印前进行检查和修改，确认无误后再进行文件打印。

用户可以通过依次执行"文件"→"打印"命令，或者使用组合键 Ctrl+P 来打开"打印"窗口，如图 7-5 所示。

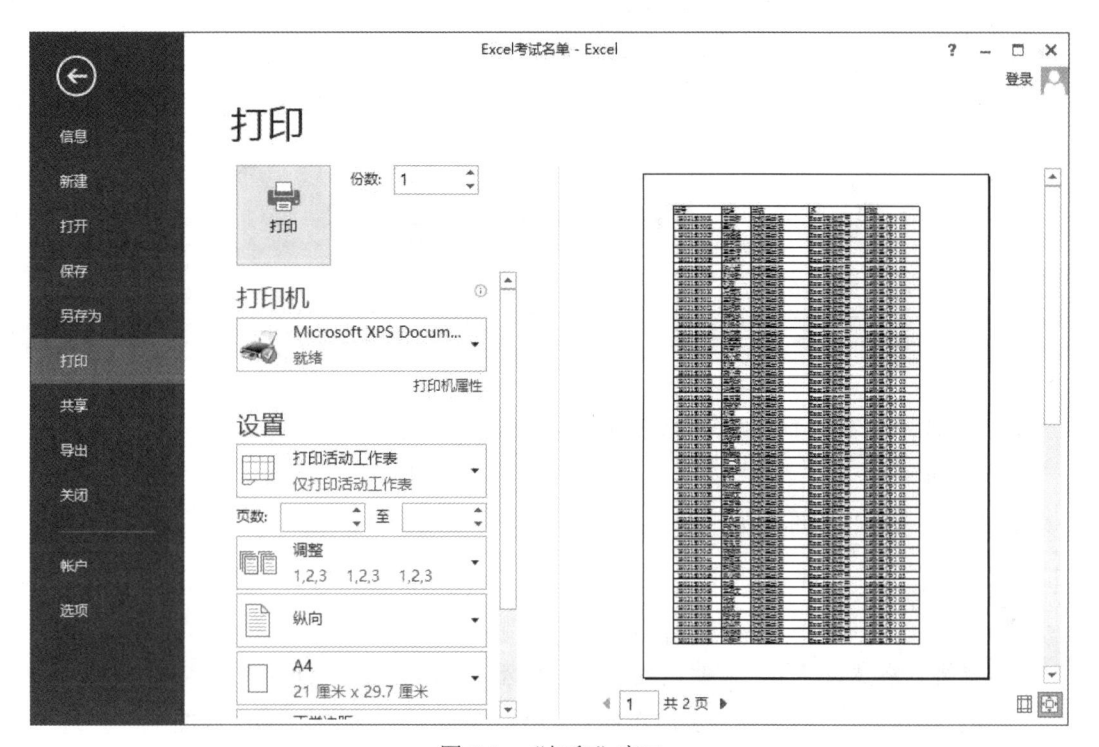

图 7-5 "打印"窗口

在"打印"窗口中，用户可以设置如"打印机"、打印"份数"、"打印页码"和打印"缩放"等相关内容。完成相应的设置后，连接打印机并单击"打印"按钮，即可开始打印文件。

Excel 默认的打印范围是"打印活动工作表"，用户可以根据需要调整为"打印整个工作簿"或"打印选定区域"。其中，Excel 默认只打印活动的工作表，而"打印整个工作簿"则会把整个工作簿里的全部工作表打印，"打印选定区域"则仅打印选择区域（甚至是一个单元格）。

同时，还需要提醒用户在"设置"区域最下方的"缩放"设置。Excel 默认选择的是"无缩放"选项，用户可根据实际需要修改为"将工作表调整为一页""将所有列调整为一页""将所有行调整为一页"和"自定义缩放"选项等，如图 7-6 所示。

其中，"将工作表调整为一页"将强行把工作表内容缩放至一页大小，实现一页打印所有内容；"将所有列调整为一页"将强行把所有列缩放到一页，实现工作表列不分页；"将所有行调整为一页"将强行把所有行缩放到一页，实现工作表行不分页。打印缩放能够强行设置打印纸张，从而避免工作表内容跨页打印的尴尬状况。

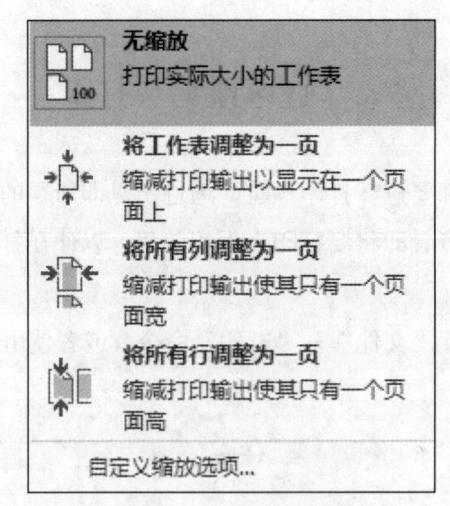

图 7-6 "缩放"设置

7.3 本章习题

一、判断题

1. Excel 电子表格不具有页眉页脚设置功能。（ ）
2. Excel 通过打印设置，能够实现将整个工作表的所有列放置到一页。（ ）
3. Excel 默认打印纸张大小与用户屏幕显示大小一样。（ ）

二、选择题

1. 要将表格横向打印，需要通过（ ）选项卡内的命令实现。
   A. 数据　　　　　B. 页眉布局　　　C. 审阅　　　　　D. 视图
2. "页面布局"→"页面设置"→"打印标题"中的"顶端标题行"的作用是（ ）。
   A. 仅打印当前页时，在顶端显示该标题行
   B. 仅打印当前页时，在左侧显示该标题列
   C. 仅打印全部页时，在顶端显示该标题行
   D. 仅打印全部页时，在左侧显示该标题列
3. 打印当前工作表的组合键是（ ）。
   A. Ctrl+A　　　　B. Ctrl+P　　　　C. Ctrl+S　　　　D. Ctrl+1
4. 默认状态下，Excel 打印范围为当前整个（ ）。
   A. 工作簿　　　　B. 工作表　　　　C. 单元格　　　　D. 选定单元格区域

三、思考题

1. 对比 Excel 和 Word 表格打印功能，思考二者各自的优缺点是什么？
2. 观察 Excel 打印预览界面的缩放设置，思考它们之间的区别在哪？

第8章 综合案例

经过前面章节基础知识和数据统计与分析等内容的学习和积累，大家已经掌握了 Excel 相关技能。本章将针对以往知识在实际中的应用进行实战训练。本章内容主要侧重于 Excel 在实际工作中的应用，突出使用 Excel 解决实际问题的案例操作，强调操作过程介绍，最终实现知识和实践的有机结合，从而达到解决实际生活问题的目的。

知识目标

- 深入理解数据有效性的含义。
- 深入理解公式、函数和函数嵌套的作用和意义。
- 深入理解定义名称、数据填充和数据清洗的含义。
- 深入理解数据排序、筛选、分类汇总和数据透视表的含义。
- 深入理解数据保护和文件打印的相关知识。

能力目标

- 熟练掌握数据录入、编辑等数据处理基础操作方法和技巧。
- 熟练掌握公式、函数的使用方法和技巧。
- 熟练掌握数据排序、筛选、分类汇总和数据透视表等操作方法和技巧。
- 熟练掌握数据保护和文件打印等操作方法和技巧。

思维导图

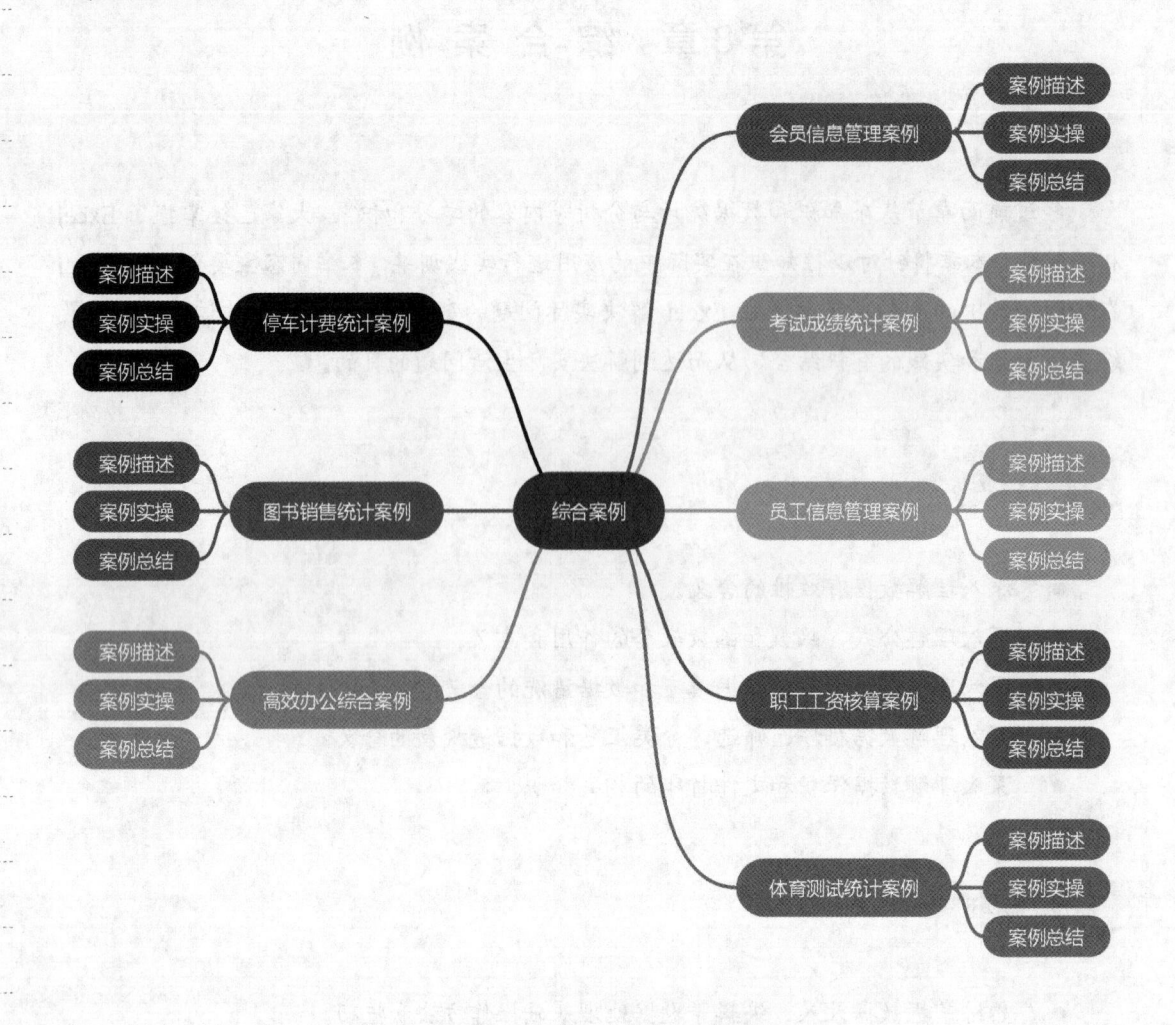

```
                                              ┌─ 案例描述
                          会员信息管理案例 ─────┼─ 案例实操
                      ╱                       └─ 案例总结
         案例描述 ╲                             ┌─ 案例描述
         案例实操 ─ 停车计费统计案例            考试成绩统计案例 ─┼─ 案例实操
         案例总结 ╱                             └─ 案例总结
                     ╲                          ┌─ 案例描述
         案例描述 ╲    ╲                         员工信息管理案例 ─┼─ 案例实操
         案例实操 ─ 图书销售统计案例 ─ 综合案例    └─ 案例总结
         案例总结 ╱    ╱                          ┌─ 案例描述
                     ╱                          职工工资核算案例 ─┼─ 案例实操
         案例描述 ╲                               └─ 案例总结
         案例实操 ─ 高效办公综合案例             ┌─ 案例描述
         案例总结 ╱                          体育测试统计案例 ─┼─ 案例实操
                                                └─ 案例总结
```

综合案例—会员信息管理

8.1 会员信息管理案例

会员制度，几乎是所有企业通用的运营技巧。通过对会员数据的有效分析，可以提高企业运营和管理水平，提升服务层次，改善会员消费体验，增加会员与企业之间的粘合度，是企业健康持续发展的有效手段。使用 Excel 对会员信息进行管理，不但可以提高数据录入效率，减轻数据管理成本，还可以通过数据规范性预警和约束，降低数据误操作率。

8.1.1 案例描述

打开本书配套案例素材"会员信息表.xlsx"，如图 8-1 所示，并按照以下要求完成相应操作，最终效果如图 8-2 所示（以下图表仅显示部分）。具体操作要求如下：

- 删除素材表格中的重复记录行。
- 将素材表格的"姓名"列中"章"全部修改为"张"。
- 输入会员"编号"，格式为"0-00"（如"1-01"）。

	A	B	C	D	E	F	G	H
1	编号	姓名	性别	出生日期	手机号	身份证号码	会员级别	余额
2		李强			1.52E+10	410122198602119082		23.5
3		郭纡言			1.39E+10	410122198003036930		61
4		王豪			1.35E+10	410122198003031960		190
5		王鑫			1.38E+10	410122197003032960		32
6		沙振威			1.37E+10	410172198223036930		263.5
7		郭家汉			1.36E+10	410128198003336930		263.5
8		白宗祥			1.5E+10	410122198005109693		190
9		闵超			1.87E+10	410129198803036930		300
10		王志			1.33E+10	490122178003036630		300

图 8-1 "会员信息表"素材

	A	B	C	D	E	F	G	H
1	编号	姓名	性别	出生日期	手机号	身份证号码	会员级别	余额
2	1-01	李强	女	1986-02-11	152-3864-2437	410122198602119082	金牌会员	¥23.5
3	1-02	郭纡言	男	1980-03-03	139-3710-0020	410122198003036930	金牌会员	¥61.0
4	1-03	王豪	女	1980-03-03	135-2352-7488	410122198003031960	钻石会员	¥190.0
5	1-04	王鑫	女	1970-03-03	138-0016-6921	410122197003032960	普通会员	¥32.0
6	1-05	沙振威	男	1982-23-03	136-8780-7788	410172198223036930	普通会员	¥263.5
7	1-06	郭家汉	男	1980-03-33	135-9408-3381	410128198003336930	普通会员	¥263.5
8	1-07	白宗祥	男	1980-05-10	150-3306-6468	410122198005109693	普通会员	¥190.0

图 8-2 "会员信息表"最终效果

- 输入会员"性别",其中编号 1-01、1-03、1-04、1-10 会员性别为"女",其余会员性别为"男"。
- 根据"身份证号码"计算出会员的"出生日期",显示格式为"0000-00-00"。
- 设置会员"手机号"显示格式为"000-0000-0000"。
- 设置"会员级别"列为下拉选项录入,并指定录入内容必须是"普通会员""铜牌会员""银牌会员""金牌会员"和"钻石会员",否则提示输入错误。
- 设置会员"余额"显示格式为货币,数字前显示"¥"符号,并保留 1 位小数。
- 设置会员"余额"数字小于 100 时,用红色显示。
- 为表格套用一种表格格式,并将其转化为普通区域。
- 设置表格全部行高为 22,且数据居中显示,单元格有黑色边框线效果。

8.1.2 案例实操

打开素材文件,并按以下操作步骤进行操作:

(1)选择工作表 Sheet1 的单元格区域 A1:H15,依次执行"数据"→"数据工具"→"删除重复项"命令,打开"删除重复项"对话框,勾选"数据包含标题"复选框,并"全选"数据列,单击"确定"按钮。在随即弹出的提示框中,单击"确定"按钮,完成重复项的删除操作。

(2)选择单元格区域 A2:A11,按组合键 Ctrl+1 打开"设置单元格格式"对话框,选择"数字"选项卡中的"自定义"分类,并在"类型"文本框内输入"0-00",单击"确定"按钮。

（3）分别在单元格 A2 和 A3 中输入 101 和 102，然后选择 A2:A3 单元格，使用双击或拖拉填充柄的方法，完成对 A4:A11 单元格区域的会员编号录入。

（4）首先选中编号为 1-01 记录对应的性别单元格，然后按下 Ctrl 键，再依次选中编号为 1-03、1-04、1-10 所对应的"性别"单元格。完成不连续单元格选择后，输入"女"，并按组合键 Ctrl+Enter，完成选中单元格性别"女"的录入。

（5）选择单元格区域 C2:C11，依次执行"开始"→"编辑"→"查找和选择"→"定位条件"命令（或使用组合键 Ctrl+G），打开"定位条件"对话框，选择"空值"选项，单击"确定"按钮。然后输入"男"，并按组合键 Ctrl+Enter，完成性别"男"的录入。

（6）在单元格 D2 中录入公式"=Text(Mid(F2,7,8),"0000-00-00")"，需要提醒的是此处的标点符号必须为英文半角字符，公式录入后按 Enter 键确认。然后双击 D2 单元格的填充柄，完成其他会员"出生日期"录入。这里使用了 Mid 函数对字符型数据进行指定位置的截取，以及 Text 函数显示为指定格式。

（7）选择单元格区域 E2:E11，按组合键 Ctrl+1 打开"设置单元格格式"对话框。选择"数字"选项卡中的"自定义"分类，并在"类型"框内输入"000-0000-0000"，单击"确定"按钮，完成"手机号"显示格式的设置。

（8）在当前工作簿中，新建一个工作表 Sheet2，并在 Sheet2 工作表的单元格区域 A1:A5 内依次输入"普通会员""铜牌会员""银牌会员""金牌会员"和"钻石会员"。然后选择单元格区域 A1:A5，依次执行"公式"→"定义的名称"→"定义名称"命令，打开"新建名称"对话框。在该对话框内输入"名称""范围"和"引用位置"信息，如图 8-3 所示。单击"确定"按钮，完成名称"jibie"的定义。

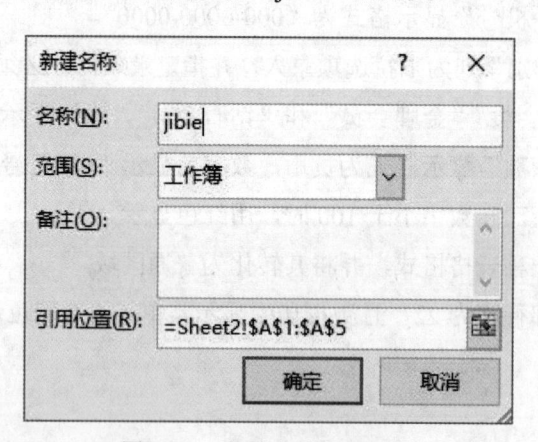

图 8-3 "新建名称"对话框

（9）选择工作表 Sheet1 单元格区域 G2:G11，依次执行"数据"→"数据工具"→"数据验证"（或"数据有效性"）命令，打开"数据验证"对话框。在该对话框的"设置"选项卡的"验证条件"中，选择"允许"下拉列表中的"序列"，并在"来源"中输入"=jibie"，如图 8-4 所示。然后根据需要，选择完成"输入信息"和"出错警告"选项卡中相关设置。

（10）选择单元格区域 H2:H11，按组合键 Ctrl+1 打开"设置单元格格式"对话框，选择"数字"选项卡的"货币"分类，分别设置"小数位数"为"1"，"货币符号"为"¥"，单击"确定"按钮，完成"余额"的格式设置。

图 8-4 "数据验证"对话框

（11）选择单元格区域 H2:H11，依次执行"开始"→"样式"→"条件格式"→"突出显示单元格规则"→"小于"命令，打开"小于"对话框。输入数值"100"，并选择"设置为"下拉列表框中的"红色文本"，单击"确定"按钮，完成条件格式设置。

（12）选择单元格区域 A1:H11，依次执行"开始"→"样式"→"套用表格格式"下拉列表中的某种样式命令，打开"套用表格式"对话框。设置表数据的来源，并勾选"表包含标题"，如图 8-5 所示。然后单击"确定"按钮，完成表格套用格式操作。

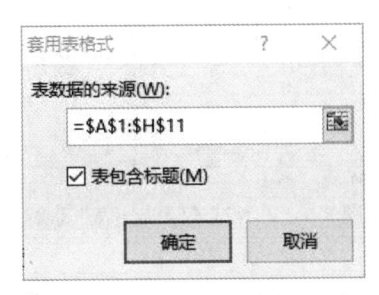

图 8-5 "套用表格格式"对话框

（13）将光标定位到单元格区域 A1:H11 任一单元格内，然后依次执行"表设计"→"工具"→"转换为区域"命令，在弹出的系统提示窗口中单击"是"按钮，完成表到普通区域的转换。

（14）选择单元格区域 A1:H11，设置表格内容的对齐方式和表格边框效果。然后通过单击窗口左上方全选按钮，选择整个表格。在任意一行上右击执行快捷菜单中的"行高"命令，在弹出的"行高"对话框中输入"22"，单击"确定"按钮，完成行高设置。

（15）双击任意两列之间的分割线，调整列宽到适当位置。保存文件，完成全部操作。

8.1.3 案例总结

该案例主要用到了单元格格式设置、填充柄、替换、定位条件、定义名称、条件格式和数据约束等相关知识。其中，单元格格式设置用于实现数据和单元格的外观设计，填充柄的使用有利于提高数据录入效率，定位条件和替换功能可用于数据编辑，定义名称有助于简化单元格的绝对引用，条件格式可以实现数据预警提示，数据约束则是规范数据录入的有效手段。

8.2 考试成绩统计案例

考试成绩统计与分析，是每一位教师所要面对的重要事件，它关系到学生今后的学习和培养。传统的成绩统计方法在工作效率、数据正确性、数据分析等方面都存在诸多不足和缺点，如统计效率低，容易产生错误数据、数据分析难度大等。使用 Excel 统计考试成绩，可以有效降低错误数据产生概率和数据分析难度，进而提高工作效率，保证数据质量。

8.2.1 案例描述

打开本书配套案例素材"考试成绩统计表.xlsx"，如图 8-6 所示，并按照以下要求完成相应操作，最终效果如图 8-7 所示。具体操作要求如下：

	A	B	C	D	E	F	G	H	I	J	K	L	M
1	学号	姓名	民族	高数	英语	专业课	计算机	政治	体育	合计	平均分	总评成绩	名次
2	17090102010	姚猛	汉	93	71	76	63	76	95				
3	17090102011	杨宇超	汉	77	85	78	76	77	98				
4	17090102012	黄志祥	汉	61	72	83	75	78	69				
5	17090102013	李强	汉	69	84	76	88		70				
6	17090102014	郭纾言	汉	83	79	82	90	93	58				
7	17090102015	王豪	汉	77	90	69	67	78	88				
8	17090102016	王鑫	汉	91	68		77	96	81				
9	17090102017	沙振威	汉	73	67	65	82	56	64				
10	17090102018	郭家汉	汉			72	68	72	64				
11	17090102019	白宗祥	汉	93	62	87	77	95	57				
12	17090102020	闵超	汉	83	56	58	75	57	68				
13	17090102021	王志	回	70	90	62	95	74	77				
14	17090102022	白冰	汉	76	68	70	81	90	74				
15	17090102023	郭寅虎	汉	87	61	73	75	56	66				
16	17090102024	陈灏	汉	97	89	67	56	96	67				
17	17090102025	董世彦	汉	89	55	57	83	80	85				
18	17090102026	宋明治	汉	87	77	94	94	56	77				
19	17090102027	毕子衡	汉	58	64	55	74		71				
20	17090102028	邢汀雩	汉	80	83	92	56	84	61				

图 8-6 "考试成绩统计表"素材

	A	B	C	D	E	F	G	H	I	L	M	N
1	学号	姓名	民族	高数	英语	专业课	计算机	政治	体育	总评成绩	对比	名次
2	17090102010	姚猛	汉	93	71	76	63	76	95	474	37	9
3	17090102011	杨宇超	汉	77	85	78	76	77	98	491	54	5
4	17090102012	黄志祥	汉	61	72	83	75	78	69	438	1	22
5	17090102013	李强	汉	69	84	76	88	0	70	387	-50	32
6	17090102014	郭纾言	汉	83	79	82	90	93	58	485	48	6
7	17090102015	王豪	汉	77	90	69	67	78	88	469	32	12
8	17090102016	王鑫	汉	91	68	0	77	96	81	413	-24	25
9	17090102017	沙振威	汉	73	67	65	82	56	64	407	-30	27
10	17090102018	郭家汉	汉	0	0	72	68	72	64	276	-161	36
11	17090102019	白宗祥	汉	93	62	87	77	95	57	471	34	11
12	17090102020	闵超	汉	83	56	58	75	57	68	397	-40	30
13	17090102021	王志	回	70	90	62	95	74	77	478	41	8

图 8-7 "考试成绩统计表"最终效果

- 为考试成绩中缺考成绩（空值单元格）赋数值0。
- 分别计算"合计""平均分""总评成绩"和"名次"。其中，"合计"为各科成绩的和；"总评成绩"中少数民族的学生的分数为"合计"加 10 分，其他为"合计"分；"名次"按"总评成绩"由高到低排名。

- 在"总评成绩"和"名次"中间添加"对比"列，该列数据为"总评成绩"减去全部学生"总评成绩"的平均值。
- 将"合计"和"平均分"两列隐藏。
- 为表格套用一种表格格式，并适当调整行高和列宽，以及设置表格边框线。
- 当"对比"列中的数据小于零时，以蓝色倾斜效果显示。
- 设置纸张方向为横向，且要求打印时标题行出现在每一页的最上面。

8.2.2 案例实操

打开素材文件，并按以下操作步骤进行操作：

（1）选择工作表 Sheet1 的单元格区域 D2:I37，按组合键 Ctrl+G 打开"定位"对话框，单击"定位条件"按钮，打开"定位条件"对话框，选择"空值"选项，单击"确定"按钮。此时，工作表中的空值单元格被选中，然后录入数字 0，按组合键 Ctrl+Enter 键，完成缺考学生的成绩录入。

（2）在单元格 J2 中录入公式"=Sum(D2:I2)"，按 Enter 键确认，然后双击该单元格的填充柄，完成单元格区域 J2:J37 的公式录入。

（3）在单元格 K2 中录入公式"=Average(D2:I2)"，按 Enter 键确认，然后双击该单元格的填充柄，完成单元格区域 K2:K37 的公式录入。

（4）在单元格 L2 中录入公式"=If(C2="汉",J2,J2+10)"，按 Enter 键确认，然后双击该单元格的填充柄，完成单元格区域 L2:L37 的公式录入。这里使用了 If 函数根据判断单元格 C2 的值是否为"汉"，来显示相应的结果。

（5）在单元格 M2 中录入公式"=Rank(L2,$L$2:$L$37)"，按 Enter 键确认，然后双击该单元格的填充柄，完成单元格区域 M2:M37 的公式录入。这里使用了 Rank 函数，根据数据大小在指定区域显示排名。

（6）在单元格 N2 录入公式"=Average(L2:L37)"，按 Enter 键确认，计算出班级全部"总评成绩"的平均值。

（7）选中单元格 N2，依次执行"公式"→"定义的名称"→"定义名称"命令，打开"新建名称"对话框，在"名称"框里输入"pjf"，完成为单元格 N2 定义名称的操作。

（8）右击 M 列的列头，执行快捷菜单中的"插入"命令，在"名次"列前插入一个空白列，并在单元格 M1 输入"对比"。然后，在单元格 M2 录入公式"=L2-pjf"，按 Enter 键确认，并双击该单元格的填充柄，完成单元格区域 M2:M37 的公式录入。这里使用了名称来代替单元格绝对引用，进而简化了公式录入。

（9）分别选中 J 和 K 列，右击执行快捷菜单中的"隐藏"命令，将 J 和 K 列隐藏。

（10）选择单元格区域 A1:N37，依次执行"开始"→"样式"→"套用表格格式"下拉选项中的某种样式命令，打开"套用表格式"对话框。在对话框中勾选"表包含标题"，单击"确定"按钮，完成表格套用格式操作。

（11）将光标定位到单元格区域 A1:N37 任一单元格内，依次执行"表设计"→"工具"→"转换为区域"命令，在弹出的系统提示窗口中单击"是"按钮，将表转化为普通区域。

（12）选择单元格区域A1:N37，设置表格内容的对齐方式和表格边框效果。并在全选整个工作表的前提下，利用拖动行列分割线的方法，适当调整行高和列宽。

（13）选择单元格区域M2:M37，依次执行"开始"→"样式"→"条件格式"→"突出显示单元格规则"→"小于"命令，打开"小于"对话框。在文本框中输入"0"，并将"设置为"下拉列表框设置为"自定义格式"，打开"设置单元格格式"对话框设置"颜色"为"蓝色"，"字形"为"加粗倾斜"。单击"确定"按钮，完成条件格式设置。

（14）选择单元格区域A1:N37，依次执行"页面布局"→"页面设置"→"纸张方向"→"横向"命令，完成打印纸张的方向设置。然后再依次执行"页面设置"→"打印标题"命令，打开"页面设置"对话框的"工作表"选项卡，分别设置"打印区域"为"A1:N37"，"顶端标题行"为"$1:$1"（表示第一行），如图8-8所示。单击"确定"按钮，完成页面设置。

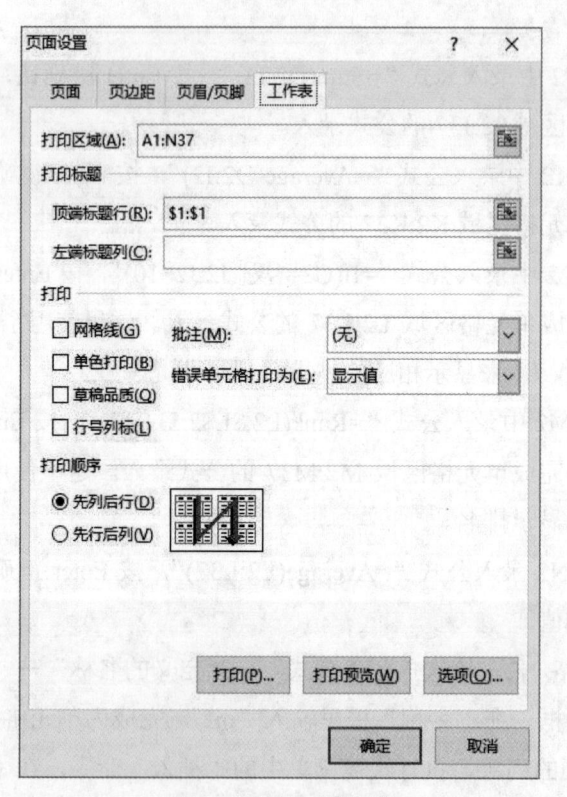

图8-8 打印标题设置

（15）依次执行"文件"→"打印"命令，单击"打印"按钮，完成文件打印。

8.2.3 案例总结

该案例主要用到了单元格格式设置、定位条件、定义名称、条件格式、隐藏行列、页面设置和打印等相关知识。其中，单元格格式设置、定位条件、定义名称、条件格式前面已有相关介绍，这里不再过多解释。隐藏行列操作即可以简化工作表视图，又不影响对隐藏行列的引用。页面设置是文件打印前的一项重要设置，通过它可以设置纸张的方向、页眉页脚和打印标题等内容，是文件输出的重要环节。

8.3 员工信息管理案例

人才建设是企业发展的主要保障，如何合理管理人才，有效防止人才流失，是企业管理的重要课题。使用 Excel 进行员工信息管理，不但可以减少数据的重复性采集，高效完成薪资计算，还可以为用户提供相关智能提醒，从而降低员工管理成本，提供人才管理水平。

8.3.1 案例描述

打开本书配套案例素材"员工信息表.xlsx"，如图 8-9 所示，并按照以下要求完成相应操作。具体操作要求如下：

图 8-9 "员工信息表"素材

- 在单元格区域 C2:C15 内，根据员工"身份证号码"中的倒数第 2 位数字计算出"性别"（奇数为"男"，偶数为"女"）。
- 在单元格区域 D2:D15 内，根据员工"身份证号码"中的第 7~14 位数字计算出"出生日期"。
- 在单元格区域 J2:J15 内，根据员工"入职日期"计算"工龄工资"（工龄每满 1 年增加 50 元）。
- 在单元格区域 L2:L15 内，计算出员工的"合计"工资，"合计"工资等于前面 4 项工资的和。
- 在单元格区域 M2:M15 内，计算出员工今年生日的具体日期。
- 在单元格区域 N2:N15 内，计算出今年未过生日员工的"生日提醒"，已过生日的显示空值，未过生日的显示"距离生日还有**天"。
- 将工作表中符合入职超过 5 年，且"合计"工资低于 3500 的员工信息，复制到新的工作表中。
- 将表格数据按照"部门"升序排序，若"部门"相同的则按"编号"升序排序。
- 按照"部门"对表格数据进行分类汇总，统计出各部门的平均工资（"合计"工资列的平均值）。
- 在分类汇总的基础上，制作"部门"和"平均工资"的对应图表。
- 为表格套用表格格式，并转化为普通区域。

8.3.2 案例实操

打开素材文件，并按以下操作步骤进行操作：

（1）在单元格 C2 里录入公式"=If(Mod(Mid(F2,17,1),2),"男","女")"，并双击该单元格的填充柄，完成单元格区域 C2:C15 的性别计算。这里使用了 Mid 函数分别对身份证号码中倒数第 2 位进行截取，Mod 函数对数值型数据求 2 的余数，从而判断数值的奇偶性。结合 If 函数判断性别男女，考虑到余数为 1 时可以视为 TRUE，故简化了 If 函数条件。

（2）在单元格 D2 录入公式"=Date(Mid(F2,7,4),Mid(F2,11,2),Mid(F2,13,2))"，并双击该单元格的填充柄，完成单元格区域 D2:D15 的出生日期计算。公式中使用了 Mid 函数获取年、月、日，然后使用 Date 函数将数值型的年、月、日进行运算，获取出生日期。

（3）在"工龄工资"列前插入一列，命名为"工龄"。在单元格 J2 里录入公式"=Datedif(G2,Today(),"Y")"，并双击该单元格的填充柄，完成单元格区域 J2:J15 的工龄工资计算。这里使用了 Datedif 函数，计算 2 个日期型数据的时间间隔（单位为"年"），并由此计算出工龄工资。

（4）在单元格 K2 里录入公式"=J2*50"，并双击该单元格的填充柄，完成单元格区域 K2:K15 的工龄工资计算。

（5）选中单元格 M2，依次执行"开始"→"编辑"→"求和"命令。首先选择单元格区域 H2:I2，然后按下 Ctrl 键，在选择单元格区域 K2:L2，此时公式为"=Sum(H2:I2,K2:L2)"。并双击该单元格的填充柄，完成单元格区域 M2:M15 的合计工资计算。

（6）在单元格 N2 里录入公式"=Date(Year(Today()),Mid(F2,11,2),Mid(F2,13,2))"，并双击该单元格的填充柄，完成单元格区域 N2:N15 的今年生日的计算。这里使用了 Year 函数结合 Today 函数，获取到了当前日期的年份数值。

（7）在单元格 O2 里录入公式"=If(Today()<N2,"距离生日还有"&Datedif(Today(),N2,"d")&"天","")"，并双击该单元格的填充柄，完成 O2:O15 单元格的生日提醒计算。这里考虑到了 Datedif 函数格式要求第 1 个日期参数小、第 2 个日期参数大的情况，所以结合了 If 函数进行了判断。然后使用了字符串连接运算，将多个字符进行拼接完成显示。

（8）新建工作表 Sheet2，并在该工作表的单元格 A1 和 B1 分别录入"工龄"和"合计"，再分别在单元格 A2 和 B2 录入">5"和"<3500"（此处的标点符号必须为英文半角字符）。然后依次执行"数据"→"排序和筛选"→"高级"命令，打开"高级筛选"对话框。分别设置"列表区域"为"Sheet1!$A$1:$O$15"，"条件区域"为"Sheet2!$A$1:$B$2"，并选择"将筛选结果复制到其他位置"选项，设置"复制到"为"Sheet2!$A$4"，如图 8-10 所示。单击"确定"按钮，完成符合条件的记录筛选。

图 8-10 "高级筛选"对话框

(9)切换到工作表 Sheet1 中,依次执行"数据"→"排序和筛选"→"排序"命令,打开"排序"对话框。先将"主要关键字"的列、排序依据和次序,依次设置为"部门""数值"和"升序"。然后,单击对话框中的"添加条件"按钮,添加一个"次要关键字",并依次设置其列、排序依据和次序为"编号""数值"和"升序",如图 8-11 所示。单击"确定"按钮,关闭"排序"对话框。

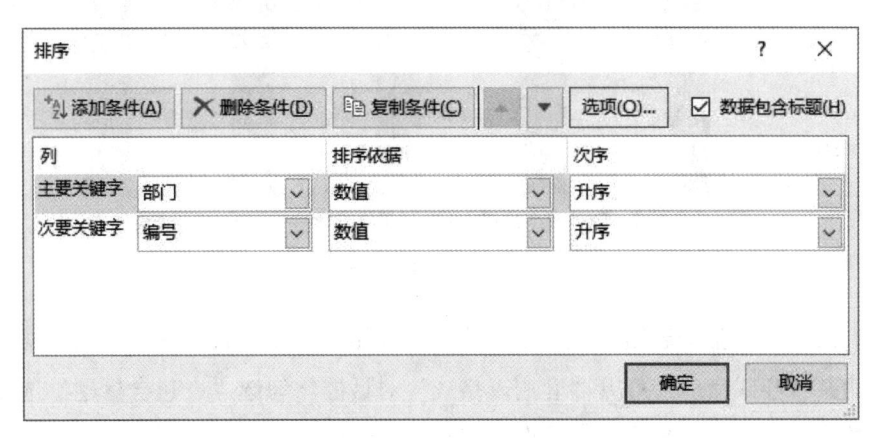

图 8-11 "排序"对话框

(10)将光标定位到表格区域内任一单元格内,依次执行"数据"→"分级显示"→"分类汇总"命令,打开"分类汇总"对话框。依次设置"分类字段"为"部门","汇总方式"为"平均值","选定汇总项"为"合计",如图 8-12 所示。单击"确定"按钮,完成分类汇总操作。

图 8-12 "分类汇总"对话框

(11)单击分类汇总结果左上方的分级按钮"2",然后选择各部门分类汇总后的部门和合计数据,依次执行"插入"→"图表"→"插入柱形图或条形图"下拉选项中的一种列表命令,完成图表制作,效果如图 8-13 所示。

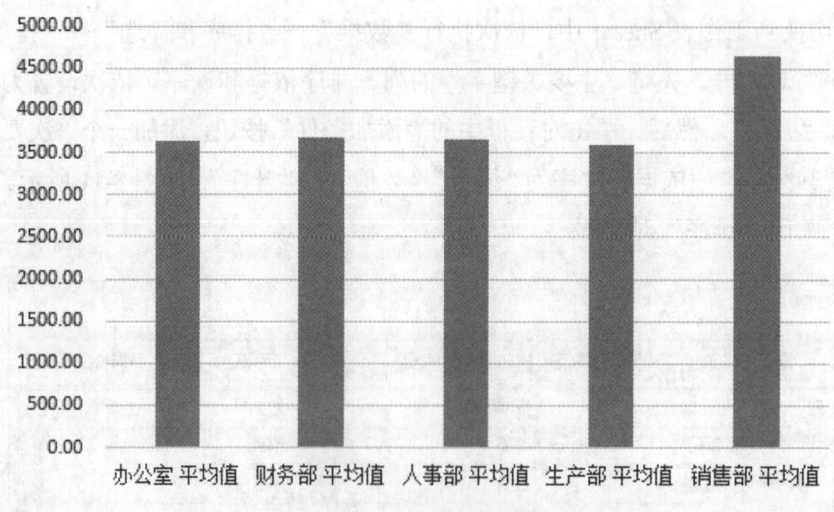

图 8-13 完成图表制作

（12）最后选中整个表格区域，依次执行"开始"→"样式"→"套用表格格式"下拉选项中的某种样式命令，打开"套用表格式"对话框。勾选"表包含标题"选项，单击"确定"按钮，完成表格套用格式操作。

（13）将光标定位到单元格区域 A1:N37 任一单元格内，然后依次执行"表设计"→"工具"→"转换为区域"命令，在弹出的系统提示窗口中单击"是"按钮，将表转化为普通区域，完成操作。

8.3.3 案例总结

该案例主要用到了文本函数、日期函数和逻辑函数等多种函数，以及数据排序、高级筛选和分类汇总等数据分析等相关知识。其中，关于函数使用方面内容前面已有介绍，该案例与以往函数使用不同之处在于使用了函数嵌套。如果用户对函数嵌套理解和使用有困难，也可以采用添加辅助列的方式来替换完成。同时，案例中使用数据复合排序（即排序依据有 2 列或 2 列以上的情况），复合排序必须通过"排序"对话框来完成。数据高级筛选在使用时必须建立相应的筛选条件，这一步是顺利完成高级筛选的关键。分类汇总和插入图表是将数据进行分类统计和数据对比的有效手段，能够清晰明了的表现数据之间的差异，有助于数据分析。

8.4 体育测试统计案例

随着生活节奏的不断加快，来自于生活、工作，以及心理方面的压力不断增大，人们的身体健康水平不同程度地出现了下滑。很多居民身体长期处在亚健康状态，一度影响了工作和生活。增强体育锻炼，提高居民身体素质成为当今社会关注的热点。除了学校进行体育测试外，很多企事业单位也展开了丰富多彩的体育赛事，吸引了广大民众积极参与。利用 Excel 对体育比赛结果进行统计分析，能够给每一位参与者高效和公平的评价，并为用户提供具有参考性的建议，帮助用户改善体育锻炼，达到强身健体的目的。

8.4.1 案例描述

打开本书配套案例素材"体育测试统计表.xlsx",如图 8-14 所示,并按照以下要求完成相应操作。具体操作要求如下:

	A	B	C	D	E	F	G	H
1	编号	姓名	性别	民族代码	民族	身份证号	跳远距离	成绩
2		马草冉		1		410112199508029332	3	
3		王雨		1		410112199812189944	3	
4		杨梦丽		2		410112199001199518	2.07	
5		程广琳		1		410112199512189045	2.12	
6		朱莉莉		1		410112199308278678	1.6	
7		李菊萍		2		410112199212279755	1.6	
8		赵孟月		1		410112199704269958	1.52	
9		李欣瑞		1		410112199209248215	1.4	
10		张玉笛		3		410112199304119875	1.35	
11		段笑婷		1		410112199811148905	1.62	

图 8-14 "体育测试统计表"素材

- 填写运动员"编号",要求编号由当年的年份加三位数字组成(如 2018001~2018033),其中年份是动态变化的。
- 根据"身份证号"计算运动员的"性别",身份证号倒数第二位为奇数时性别为"男",为偶数时性别为"女"。
- 根据工作表 Sheet2 里的"民族代码"和"民族"的对应关系,计算出运动员的"民族"信息。
- 考虑到运动员个人隐私的保护问题,将"身份证号"中的出生日期的年份隐藏,对应显示为"****"(如"410112****08029332")。
- 根据运动员的"跳远距离"计算"成绩"。其中,男、女运动员的评分标准见表 8-1。

表 8-1 男、女运动员评分标准

评分标准(男)	评分标准(女)	成绩
0	0	0
1.85	1.27	10
1.9	1.32	20
1.95	1.37	30
2	1.42	40
2.05	1.47	50
2.1	1.52	60
2.14	1.55	62
2.18	1.58	64
2.22	1.61	66
2.26	1.64	68
2.3	1.67	70

续表

评分标准（男）	评分标准（女）	成绩
2.34	1.7	72
2.38	1.73	74
2.42	1.76	76
2.46	1.79	78
2.5	1.82	80
2.58	1.89	85
2.65	1.96	90
2.7	2.02	95
2.75	2.08	100

- 隐藏工作表中"民族代码"和"身份证号"2 列。同时，为表格套用一种表格格式，并将其转化为普通区域，最终效果如图 8-15 所示。

图 8-15 "体育测试统计表"最终效果

- 新建一个工作表，在该工作表中实现按编号查询的功能。即根据下拉列表选择不同运动员的"编号"，显示与之相对应的记录行，最终效果如图 8-16 所示。

图 8-16 "信息查询"最终效果

8.4.2 案例实操

打开素材文件，并按以下操作步骤进行操作：

（1）在单元格 A2 里录入公式"=Value(Year(Today())&Text(Row()-1,"000"))"，并双击该单元格的填充柄，完成单元格区域 A2:A34 的编号计算。这里使用了 Row 函数获取单元格所在的行数，Text 函数实现数值型数据转化为指定格式的文本，Value 函数实现将文本转化为数值，进而实现数据系列填充。

（2）在单元格 C2 里录入公式"=If(Mod(Mid(F2,17,1),2)=1,"男","女")"，并双击该单元格的填充柄，完成单元格区域 C2:C34 的性别计算。

（3）在工作表 Sheet2 里，选中单元格区域 A2:B57，依次执行"公式"→"定义的名称"→"定义名称"命令，打开"新建名称"对话框，输入名称为"mz"，设置引用位置为"=Sheet2!$A$2:$B$57"。

（4）在单元格 E2 里录入公式"=Vlookup(D2,mz,2,FALSE)"，并双击该单元格的填充柄，完成单元格区域 E2:E34 的民族信息计算。这里使用了 Vlookup 函数根据"民族代码"和"民族"的对应关系实现精确查找定位民族名称。

（5）右击 G 列的列头，执行快捷菜单中的"插入"命令，在 G 列前添加一列，输入列标题"身份证号 2"，用于存储加密后的身份证号。然后在单元格 G2 中录入公式"=Replace(F2,7,4,"****")"，并双击该单元格的填充柄，完成单元格区域 G2:G34 的身份证号加密。这里使用了 Replace 函数实现字符串指定位置的字符替换操作，同时用户需要注意单元格格式设置。

（6）分析男、女运动员评分标准，需要使用定位查找函数 Lookup 来实现。首先创建男运动员评分标准区域，在 Sheet2 工作表单元格区域 D2:D22 中分别从小到大输入 0,1.85,1.9,……,2.75，E2:E22 中分别以涉到大输入 0,10,20,……,100。这里的评分标准大小顺序十分重要，必须是从小到大的升序排序。同样的操作方法，在单元格区域 G2:H22 创建女运动员评分标准区域。

（7）在 Sheet2 工作表中，选择男运动员评分标准区域，依次执行"公式"→"定义的名称"→"定义名称"命令，打开"新建名称"对话框，定义男运动员评分标准的名称为"nan"。同样的操作方法，定义女运动员评分标准为"nv"。

（8）切换到工作表 Sheet1，在单元格 I2 里录入公式"=If(C2="男",Lookup(H2,nan),Lookup(H2,nv))"，并双击该单元格的填充柄，完成单元格区域 I2:I34 的成绩计算。这里使用了 Lookup 函数结合前面定义的评分标准完成评分查找定位，实现运动员的成绩计算。

（9）单击"民族代码"所在列的列头选中该列，然后按下 Ctrl 键不松，再选择"身份证号"所在列的列头，完成 2 列数据的选择。然后执行右击快捷菜单中的"隐藏"命令，将选中列隐藏。

（10）选择单元格区域 A1:I34，依次执行"开始"→"样式"→"套用表格格式"下拉列表中的某种样式命令，为表格套用表格样式。然后再依次执行"表设计"→"工具"→"转换为区域"命令，将表转化为普通区域。

（11）新建工作表 Sheet3，并在该工作表的单元格 A1 中录入"请选择编号："。然后选中单元格 B1，依次执行"数据"→"数据工具"→"数据验证"（或"数据有效性"）命令，打开"数据验证"对话框。在该对话框的"设置"选项卡的"验证条件"中，选择"允许"下拉列表中的"序列"，在"来源"中录入工作表 Sheet1 中的运动员编号区域，即"=Sheet1!$A$2:$A$34"，并选择设置"输入信息"和"出错警告"选项卡中相关内容。

（12）依次在单元格区域 A2:G2 中录入"编号""姓名""性别""民族""身份证号""跳远距离"和"成绩"，并在对应位置的单元格区域 A3:G3 中依次录入公式"=B1"

"=Vlookup(A3,Sheet1!A2:I34,2)""=Vlookup(A3,Sheet1!A2:I34,3)""=Vlookup(A3,Sheet1!A2:I34,5)""=Vlookup(A3,Sheet1!A2:I34,7)""=Vlookup(A3,Sheet1!A2:I34,8)"和"=Vlookup(A3,Sheet1!A2:I34,9)"。这里使用了Vlookup函数进行精确定位查找，根据查找数值定位返回指定列结果。

（13）选择单元格区域A2:G3，依次执行"开始"→"样式"→"套用表格格式"下拉列表中的某种样式命令，套用表格格式。然后依次执行"表设计"→"工具"→"转换为区域"命令，将表转化为普通区域，完成操作。

8.4.3 案例总结

该案例主要用到了文本函数、查找与引用函数和日期函数等多种类型函数，以及数据排序、数据验证和表格格式设置等相关知识。其中，在运动员编号录入环节，巧妙地使用了日期函数、单元格引用函数以及文本和数值转换函数，实现了数据的动态变化。在"身份证号"的显示上运用了文本替换函数，实现了部分数据的隐藏，达到了保护隐私的目的。案例中最为关键的是查找定位函数的使用，灵活运用了Lookup函数和Vlookup函数，实现了运动员成绩评定，以及信息查询功能。

8.5 停车计费统计案例

汽车作为出行的交通工具，越来越多地惠及到了普通家庭，成为人们交通出行的代步工具。城市停车场对有车一族来说毫不陌生，它在为广大车友提供停车服务时，作为停车场的所有人，也获得了一定的经济收入。传统的人工停车计费的方式，存在着效率低、计费不准确和后期数据分析难度大等诸多问题。这里采用Excel完成停车计费统计，并随着无线射频识别RFID、图像识别技术和移动支付的快速发展和普及，引入智能设备进行停车计费的方式也被广泛采用，它大幅改善了传统的人工停车计费方式，带来数据管理和分析的巨大飞跃。

8.5.1 案例描述

打开本书配套案例素材"停车计费统计表.xlsx"，如图8-17所示，并按照以下要求完成相应操作，最终效果如图8-18所示。具体操作要求如下：

图8-17 "停车计费统计表"素材

	A	B	C	D	E	F	G	H	J
1	序号	车牌号码	车型		进场时间	出场时间	停车时长(分)	收费金额	付款方式
2	1	京N95905	小型车		2018/5/25 0:06	2018/5/26 14:27	2301	72	支付宝
3	2	京H86761	大型车		2018/5/26 0:15	2018/5/26 5:29	314	35	支付宝
4	3	京QR7261	中型车		2018/5/26 0:28	2018/5/26 1:02	34	6	支付宝
5	4	京U35931	大型车		2018/5/26 0:37	2018/5/26 4:46	249	30	支付宝
6	5	京Q3F127	大型车		2018/5/25 0:44	2018/5/26 12:42	2158	165	支付宝
7	6	京S8J403	大型车		2018/5/26 1:01	2018/5/26 2:43	102	15	支付宝
8	7	京DI7294	中型车		2018/5/26 1:19	2018/5/26 6:35	316	21	现金
9	8	京J03T05	中型车		2018/5/26 1:23	2018/5/26 11:02	579	33	支付宝
10	9	京W34039	大型车		2018/5/26 1:25	2018/5/26 9:58	513	50	支付宝

图 8-18 "停车计费统计表"最终结果

- 将工作表里记录"车牌号码"包含的"豫",全部修改为"京"。
- 根据工作表 Sheet2 中的"车型代码"和"车型"对应关系,计算出工作表 Sheet1 记录中的车型信息。
- 根据"进场时间"和"出场时间",计算出"停车时长",停车时长单位为"分钟"。
- 根据车型对应的计费标准,并按照停车场计费标准计算出各记录的"收费金额"。计费标准规定小型车停车不满 20 分钟不计费,1 小时内收费 4 元,以后每增加每小时增加 2 元,每天计费上限 40 元。中型车停车不满 20 分钟不计费,1 小时内收费 6 元,以后每小时增加 3 元,每天计费上限 60 元。大型车停车不满 20 分钟不计费,1 小时内收费 10 元,以后每小时增加 5 元,每天计费上限 100 元。
- 根据工作表 Sheet2 中的"付款代码"和"付款方式"对应关系,计算出工作表 Sheet1 中的记录中的付款方式。
- 分别按照"车型""出场时间"的星期和"付款方式",对数据记录进行分类汇总,对比合计"收费金额",并制作出相应的图表。

8.5.2 案例实操

打开素材文件,并按以下操作步骤进行操作:

(1)选择工作表 Sheet1 中单元格区域 B2:B441,依次执行"开始"→"编辑"→"查找和选择"下拉列表中的"替换"命令(或按组合键 Ctrl+H),打开"查找和替换"对话框的"替换"选项卡,在"查找内容"中输入"豫","替换为"中输入"京",单击"全部替换"按钮,完成车牌号码更换操作。

(2)在单元格 D2 里录入公式"=Vlookup(C2,Sheet2!$A$2:$B$4,2,FALSE)",并双击该单元格的填充柄,完成单元格区域 D2:D441 的车型计算。这里用到了 Vlookup 函数实现了车型代码的精确定位查找,其中车型对应单元格区域 Sheet2!$A$2:$B$4 采用了绝对引用,用户可以利用鼠标选中 Sheet2 中 A2:B4 区域后,按 F4 键完成相对地址引用到绝对地址引用的转换。

(3)类似上述操作,在单元格 J2 中录入公式"=Vlookup(I2,Sheet2!$A$7:$B$8,2,FALSE)",然后双击该单元格的填充柄,完成单元格区域 J2:J441 的"付款方式"计算。

(4)结合 Ctrl 键,将 C 列和 I 列选中,右击,执行快捷菜单中的"隐藏"命令,将选中列隐藏。

(5)在单元格 G2 中录入公式"=Int((F2-E2)*24*60)",并双击该单元格的填充柄,完成单元格区域 G2:G441 的"停车时长(分)"计算。这里使用了 Int 函数，对两个日期时间型数据的计算结果保留整数。其中，日期时间型数据相减得到的是以"天"为单位的数据，通过"*24*60"转换为了以"分钟"为单位的数据。

（6）通过分析停车场计费标准，要计算"收费金额"必须考虑"车型"和"停车时长"，而停车时长又有不足 20 分钟、1 小时内和每天最高收费 3 种特殊情况，于是在工作表 Sheet2 中设计了计费标准表，如图 8-19 所示。

	D	E	F	G
1	时长(分)	1	2	3
2	0	0	0	0
3	20	4	6	10
4	60	6	9	15
5	120	8	12	20
6	180	10	15	25
7	240	12	18	30
8	300	14	21	35
9	360	16	24	40
10	420	18	27	45
11	480	20	30	50
12	540	22	33	55
13	600	24	36	60
14	660	26	39	65
15	720	28	42	70
16	780	30	45	75
17	840	32	48	80
18	900	34	51	85
19	960	36	54	90
20	1020	38	57	95
21	1080	40	60	100

图 8-19 计费标准表

（7）在上述工作表 Sheet2 计费标准表的基础上，通过依次执行"公式"→"定义的名称"→"定义名称"命令，分别建立以"=Sheet2!$D$2:$G$21"为引用位置的名称"biaozhun"，以及以"=Sheet2!$E$1:$G$21"为引用位置的名称"leibie"。

（8）在工作表 Sheet1 的单元格 H2 中，录入公式"=Int(G2/(24*60))* Hlookup(C2,leibie, 21,FALSE)+Vlookup(Mod(G2,24*60),biaozhun,C2+1,TRUE)"，然后双击该单元格的填充柄，完成单元格区域 H2:H441 的"收费金额"计算。这里使用了 Hlookup 横向定位函数实现不同车型停车每天计费上限的定位，进而计算出整天数停车的计费。而停车不满一天的计费，则通过 Vlookup 纵向定位函数进行定位来实现，其中借用名称"biaozhun"根据不同车型返回不同列的计费标准，从而实现收费金额的计算。

（9）选中工作表 Sheet1 标签，在按下 Ctrl 键的同时，向右拖曳鼠标左键完成复制工作表操作。然后双击该工作名称，重命名为"车型分类汇总"，按 Enter 键确认。

（10）切换到"车型分类汇总"工作表，将光标定位在"车型"列任一单元格内，依次执行"数据"→"排序和筛选"→"升序"命令，完成表格数据的排序操作。然后依次执行"数据"→"分级显示"→"分类汇总"命令，打开"分类汇总"对话框，分别设置分类字段为"车型"，汇总方式为"求和"，选定汇总项为"收费金额"，单击"确定"按钮，完成按车型分类汇总操作。

(11）单击分类汇总结果左上方的分级按钮"2"，然后选择分类汇总中的"车型"和"收费金额"数据，依次执行"插入"→"图表"→"插入柱形图或条形图"下拉选项中的某种柱形图，完成图表操作，效果如图 8-20 所示。

图 8-20 按"车型"分类汇总结果

（12）参照上述操作方法，完成"付款方式"分类汇总统计。考虑到数据列的先后顺序问题，建议用户将"付款方式"列移动到"收费金额"列之前，然后再执行插入图表操作，效果如图 8-21 所示。

图 8-21 按"付款方式"分类汇总结果

（13）用类似的方法，来完成按照"出场时间"的星期进行的分类汇总统计。进行分类汇总之前，需要先在"出场时间"后面插入"星期"列，并用公式"=Text(F2,"aaaa")"计算出出场日期对应的星期，然后再执行按"星期"排序和分类汇总，以及插入图表等操作，效果如图 8-22 所示。

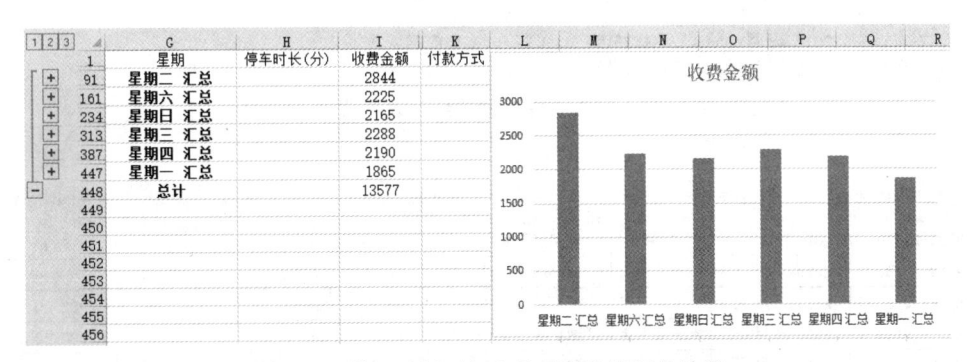

图 8-22 按"出场时间"的星期分类汇总结果

考虑到操作过程类似，按照"付款方式"和"出场时间"的星期分类汇总的操作，这里不再详细描述。如有疑问，用户可参考本书配套的案例素材和操作结果文件。

8.5.3 案例总结

该案例主要用到了数学函数、查找与引用函数和日期时间函数等多种函数类型，以及定义名称、数据排序、分类汇总和图表等相关知识。其中，在计算"停车时长"时采用了两个日期相减，配合日期和时间的进制取整得以实现。另外，案例在计算"收费金额"时，灵活运用 Hlookup 和 Vlookup 定位查询函数，实现了不同车型、不同计费要求的收费金额计算，该公式较为复杂，用户可以借助辅助列的方法将公式分解，从而降低公式的理解难度。案例实现过程中，用户要深入理解相对引用和绝对引用，以及简化代替绝对引用的定义名称的使用方法。最后，案例按照车辆类型、支付方式、出场时间的星期等多种方式，进行分类汇总，并结合图表分析数据，寻找数据规律，进而挖掘出更多有价值的信息，达到改善停车计费统计方式的目的。

8.6 图书销售统计案例

图书作为文化传承、信息传递、知识传播和休闲娱乐的有机载体，为广大用户带来了心灵愉悦和知识技能，为社会发展贡献着强大动能。随着科技的不断发展，科技类图书也越来越多，极大程度地丰富了用户的求知欲。同时，对于图书销售企业来说，图书市场也充满着竞争，使用 Excel 对图书销售数据进行计算、分析和统计，有助于发现商业先机，拓宽图书销售市场，提高图书销售竞争力，为企业发展注入活力。

8.6.1 案例描述

打开本书配套案例素材"图书销售统计表.xlsx"，如图 8-23 所示，并按照以下要求完成相应操作，最终效果如图 8-24 所示。具体操作要求如下：

	A	B	C	D	E	F	G
1	订单编号	日期	书店名称	图书名称	单价	销量（本）	销售额小计
2	MJXY-08001	2016年1月2日	北林书店	《网站开发技术》		41	
3	MJXY-08002	2016年1月4日	龙子湖书店	《计算机应用基础》		3266	
4	MJXY-08003	2016年1月4日	龙子湖书店	《视频处理技术》		107	
5	MJXY-08004	2016年1月5日	龙子湖书店	《图文高级演示技术》		63	
6	MJXY-08005	2016年1月6日	北林书店	《Excel高级应用》		188	
7	MJXY-08007	2016年1月9日	龙子湖书店	《数字农牧业技术》		84	
8	MJXY-08008	2016年1月10日	北林书店	《Excel高级应用》		293	
9	MJXY-08009	2016年1月10日	龙子湖书店	《数字农牧业技术》		82	

图 8-23 "图书销售统计表"素材

	B	C	D	E	F	G	H	I
1	编号	日期	书店名称	图书名称	单价	实际价格	销量（本）	销售额小计
2	MJXY-2018001	2016年1月2日	北林书店	《网站开发技术》	39.40	39.40	41	1615.40
3	MJXY-2018002	2016年1月4日	龙子湖书店	《计算机应用基础》	37.80	30.24	3266	98763.84
4	MJXY-2018003	2016年1月4日	龙子湖书店	《视频处理技术》	38.60	36.67	107	3923.69
5	MJXY-2018004	2016年1月5日	龙子湖书店	《图文高级演示技术》	44.50	44.50	63	2803.50
6	MJXY-2018005	2016年1月6日	北林书店	《Excel高级应用》	43.90	41.71	188	7840.54
7	MJXY-2018006	2016年1月9日	龙子湖书店	《数字农牧业技术》	40.60	38.57	84	3239.88

图 8-24 "图书销售统计表"最终效果

- 完成工作表 Sheet1 中的"订单编号"升级，将所有"订单编号"右侧的数字前添加"20"（如 MJXY-2018001）并重命名为"编号"。

- 设置工作表 Sheet2 中的"图书名称"和"定价"的对应关系表，将"定价"格式设置为"0.0 元"（如 42.50 元）。

- 根据工作表 Sheet2 中"图书名称"和"定价"的对应关系,计算出工作表 Sheet1 的"单价"。
- 依据图书"销量(本)"计算图书销售的"实际价格"。销量小于 80 本时实际价格按单价计算,销量 80 本以上时实际价格按单价 9.5 折计算,销量 200 本以上时实际价格按单价 9 折计算,销量 1000 本以上时实际价格按单价 8.5 折计算,销量 1500 本以上时实际价格按单价 8 折计算。
- 根据"实际价格"和"销量(本)"的乘积,计算出"销售额小计",并设置所有涉及金额的数据均显示两位小数。
- 为工作表 Sheet1 设置合适的外观格式,并对工作表首行冻结,实现滚动垂直滚动条时首行保持原位置显示。
- 将工作表 Sheet1 的"实际价格"的计算公式隐藏,并设置工作表保护密码,保护表格区域不允许编辑。

8.6.2 案例实操

打开素材文件,并按以下操作步骤进行操作:

(1)在工作表 Sheet1 的"订单编号"列右侧添加一列,命名为"编号"。在单元格 B2 中录入公式"=Repace(A2,6,0,"20")",并双击该单元格的填充柄,完成单元格区域 B2:B22 的"编号"计算。这里使用了 Repace 文本替换函数,实现指定位置和指定长度的文本替换,完成"订单编号"升级。

(2)切换到工作表 Sheet2,选择"定价"单元格区域 B2:B9,按组合键 Ctrl+1 打开"设置单元格格式"对话框的"数字"选项卡。在该选项卡左侧"分类"中选择"自定义",并在右侧"类型"文本框中录入"0.0 元",单击"确定"按钮,完成"定价"格式设置。

(3)在"单价"单元格 F2 中录入公式"=Vlookup(E2,Sheet2!$A$2:$B$9,2,FALSE)",并双击该单元格的填充柄,完成单元格区域 F2:F22 的"单价"计算。

(4)根据题目描述,在工作表 Sheet2 中设计"销量(本)"和"折扣"对应关系表,如图 8-25 所示。并按照"销量(本)"升序排序。需要注意的是,"折扣"列的内容为数值型数据(即"10,9.5,9,8.5,8"),这里借助了第(2)步设置单元格格式的方法实现图中显示效果。

	D	E
1	销量(本)	折扣
2	0	10.0折
3	80	9.5折
4	200	9.0折
5	1000	8.5折
6	1500	8.0折

图 8-25 "销量(本)"与"折扣"对应关系表

(5)切换到工作表 Sheet1,右击"销量"列列头,执行快捷命令中的"插入"命令,插入一列,命名为"实际价格"。然后选中"实际价格"的单元格 G2,录入公式"=0.1*Lookup(H2,Sheet2!$D$2:$E$6)*Vlookup(E2,Sheet2!$A$2:$B$9,2,FALSE)"并双击该单元格的填充柄,完成单元格区域 G2:G22 的"实际价格"录入。

(6)在"销售额小计"单元格 I2 中录入公式"=H2*G2",并双击该单元格的填充柄,完成 I2:I22 单元格的"销售额小计"录入。

(7)选择工作表 Sheet1 单元格区域 A1:I499,依次执行"开始"→"样式"→"套用表格格式"下拉选项中的某种样式命令，套用表格格式。然后依次执行"表设计"→"工具"→"转换为区域"命令，将表转化为普通区域。

（8）单击工作表 Sheet1 左上方"全选"按钮，将整个工作表选中。然后双击任意两列间的列分割线，将所有列宽调整到适当宽度，并拖曳任意两行之间的分割线，适当调整所有行的行高。

（9）选择工作表 Sheet1 的第一行，然后依次执行"视图"→"窗口"→"冻结窗格"下拉选项中的"冻结首行"命令，完成工作表的首行冻结。

（10）选择"实际价格"的单元格区域 G2:G499，按组合键 **Ctrl+1** 打开"设置单元格格式"对话框，单击"保护"选项卡，勾选"隐藏"复选框，单击"确定"按钮，关闭对话框。

（11）依次执行"审阅"→"保护"→"保护工作表"命令，打开"保护工作表"对话框。在该对话框中，勾选"保护工作表及锁定的单元格内容"复选框，并输入取消保护时使用的密码（密码需要重复输入 2 次，如 123），"保护工作表"对话框设置如图 8-26 所示。单击"确定"按钮，完成工作表保护设置。

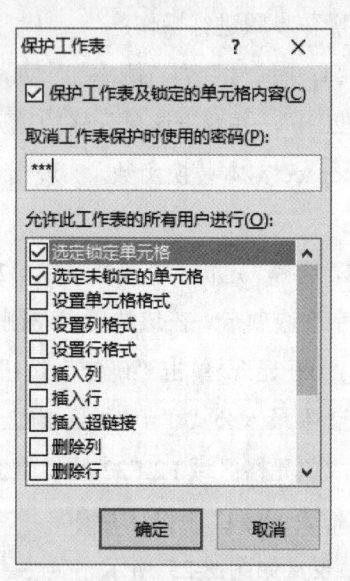

图 8-26 "保护工作表"对话框

8.6.3 案例总结

该案例主要用到了文本函数、查找与引用函数、数据排序、数据行冻结，以及工作表保护等相关知识。其中，工作表的保护是案例考核重点，通过对单元格内部公式的隐藏，以及工作表编辑的密码保护。从而实现对用户工作成果的合理保护，达到数据保护的目的，能够有效提高数据的安全性。

8.7 职工工资核算案例

职工工资发放关系到每一位职工的切身利益，是每一位职工所关心的重要话题。但面对工资条上每一项收支明细,有不少职工都并不清楚。工资条上除了用户的各项工资外,往往还包含了"五险一金"(养老保险、医疗保险、失业保险、工伤保险和生育保险,以及住房公积金)和个人所得税等项目。其中,"五险一金"中的工伤保险和生育保险由单位按比例缴纳,个人不需缴费,其他 3 项保险和住房公积金由单位和个人按照比例共同承担。个人所得税则是根据职工的工资水平,按照国家个人所得税征缴办法计算而来。使用 Excel 对职工工资进行核算,可以做到工资发放的高效、准确和透明,避免职工的误解和猜疑,进而促进企业财务健康稳定发展。

8.7.1 案例描述

打开本书配套案例素材"职工工资核算表.xlsx",如图 8-27 所示,并按照以下要求完成相应操作,最终效果如图 8-28 所示。具体操作要求如下:

图 8-27 "职工工资核算表"素材

图 8-28 "职工工资核算表"最终效果

- 批量删除"姓名"中的全部空格,如"张 三"修改为"张三"。
- 假设职工工资表中的"医疗保险""养老保险""失业保险"和"住房公积金",分别是"基本工资"和"岗位工资"和的 2%、8%、0.3%和 5%,计算出"医疗保险""养老保险""失业保险"和"住房公积金"的具体金额。
- 由"基本工资""岗位工资""工龄工资""绩效工资"和"补贴"计算出 "应发工资"的金额。
- "应发工资"减去"补贴""五险一金"(养老保险、医疗保险、失业保险、工伤保险、生育保险和住房公积金,其中工伤保险、生育保险忽略),再减去个人所得税起征点 3500,从而计算出"应税工资"("应税工资"小于等于 0 时无需缴税)。
- "个人所得税"由"应税工资"乘以税率,然后减去速算扣除数得到。其中,应税工资不超过 1500 元部分,税率为 3%,速算扣除数为 0;应税工资超过 1500 元~

4500元的部分，税率为10%，速算扣除数为105元；应税工资超过4500元～9000元的部分，税率为20%，速算扣除数为555元；应税工资超过9000元～35000元的部分，税率为25%，速算扣除数为1005元；应税工资超过35000元～55000元的部分，税率为30%，速算扣除数为2755元；应税工资超过55000元～80000元的部分，税率为35%，速算扣除数为5505元；应税工资超过80000元的部分，税率为45%，速算扣除数为13505元。

- 适当调整工作表的行高和列宽，设置表格外观格式。将文件打印方向设置为横向，并设置文件页眉的左侧显示"职工工资表"、右侧显示"2018/05/26"，页脚的右侧显示数字页码。
- 为每一位职员制作个人工资条，要求工资条上显示各个项目的详细说明和公式计算方法。

8.7.2 案例实操

打开素材文件，并按以下操作步骤进行操作：

（1）在工作表Sheet1中，选择"姓名"列，然后依次执行"开始"→"编辑"→"查找和选择"下拉列表中的"替换"命令（或使用组合键Ctrl+H），打开"查找和替换"对话框。在该对话框的"替换"选项卡中的"查找内容"里输入" "（Space空格符号），并清除"替换为"对应文本框里的全部内容，单击"全部替换"按钮，完成"姓名"中空格的批量删除。

（2）在单元格H2中录入公式"=Sum(C2:D2)*0.02"，并双击该单元格的填充柄，完成单元格区域H2:H22的"医疗保险"录入。同样的操作方法，依次完成"养老保险"公式"=Sum(C2:D2)*0.08"、"失业保险"公式"=Sum(C2:D2)*0.003"和"住房公积金"公式"=Sum(C2:D2)*0.05"的录入。

（3）将光标定位到单元格L2中，按下组合键"Alt+="启动求和函数Sum。随后用鼠标选中参与计算的单元格区域C2:G2，完成公式"=Sum(C2:G2)"的录入。双击该单元格的填充柄，完成单元格区域L2:L22的"应发金额"计算。这里用到了Sum函数的组合键"Alt+="，合理使用组合键可以提高公式的录入效率。

（4）在单元格M2中录入公式"=If(Sum(C2:F2)-Sum(H2:K2)-3500>0,Sum(C2:F2)-Sum(H2:K2)-3500,0)"。并双击该单元格的填充柄，完成单元格区域M2:M22的"应税工资"计算。这里使用了If函数，来判断职工工资是否需要交纳个人所得税。

（5）通过对个人所得税的计算方法进行分析，根据"应税工资"情况采用阶段性的税率计算方法，以及对应不同的速算扣除数。新建工作表Sheet2，在单元格区域A1:C8建立"应税金额""税率"和"速算扣除数"对应关系表，并按照"应税金额"升序排序，如图8-29所示。

	A	B	C
1	应税金额	税率	速算扣除数
2	0	0.03	0
3	1500	0.1	105
4	4500	0.2	555
5	9000	0.25	1005
6	35000	0.3	2755
7	55000	0.35	5505
8	80000	0.45	13505

图8-29 "应税金额""税率""速算扣除数"对应关系

（6）在单元格 N2 中录入公式"=M2*Vlookup(M2,Sheet2!$A$2:$C$8,2,TRUE)-Vlookup(M2,Sheet2!$A$2:$C$8,3,TRUE)"，并双击该单元格的填充柄，完成单元格区域 N2:N22 的"个人所得税"计算。这里使用了 Vlookup 函数通过"应税工资"在 Sheet2 中的对应关系定位查找"税率"和"速算扣除数"，从而完成个人所得税的计算。

（7）在单元格 O2 中录入公式"=L2-Sum(H2:K2,N2)"，并双击该单元格的填充柄，完成单元格区域 O2:O22 的"实发金额"计算。

（8）选择工作表 Sheet1 单元格区域 A1:O22，依次执行"开始"→"样式"→"套用表格格式"下拉选项中的某种样式命令，套用表格格式。然后依次执行"表设计"→"工具"→"转换为区域"命令，将表转化为普通区域。

（9）单击工作表 Sheet1 左上方全选按钮，将整个工作表选择，双击任意两列间分割线，将所有列宽调整到适当宽度。并拖曳任意两行之间的分割线，适当调整所有行的行高。

（10）依次执行"页面布局"→"页面设置"→"纸张方向"→"横向"命令，设置文件为横向显示。

（11）单击"页面布局"→"页面设置"右下方的扩展按钮，打开"页面设置"对话框，切换到"页眉/页脚"选项卡。单击"自定义页眉"按钮，设置页眉"左部"内容为"职工工资表"，"右部"内容为"2018/05/26"。再通过"自定义页脚"按钮，设置页脚"右部"显示页码"第&[页码]页"，单击"确定"按钮，完成页眉页脚设置。

（12）为了实现给每一位职工打印工资条明细，用户可以结合 Word 的邮件合并功能，将该 Excel 文件作为邮件合并的数据源，然后在 Word 文档中对表格进行排版，并将工作表各项的计算方法详细列出。通过邮件合并功能，实现批量打印。有关邮件合并功能，用户可以通过查阅相关资料来完成，这里不再详细介绍。

8.7.3 案例总结

该案例主要用到了数学函数、查找与引用函数、数据排序，以及查找替换等相关知识。其中，案例对个人所得税的计算是重点考核内容，尤其制作税率对应关系表是难点，需要用户深入体会理解。同时，案例结合了 Word 邮件合并功能，实现工资条的批量打印，这也是灵活运用知识的体现。合理选择软件，灵活运用软件各项功能，并恰当借助互联网等多种渠道，提高工作效率是用户追求的目标。

8.8　高效办公综合案例

实际工作中仅使用一个软件很难达到理想效果，就往往需要将多个软件结合，各自发挥自己的优势，最终实现高效完成任务的目的。如某公司组织的面试招聘，有十位评委为每一位应聘人员打分，最终去除最高分、最低分后求和计算出总分、名次，并根据名次分配到相应的部门，再将批量生成录用通知单，通知相应的面试人员到指定地点报到。在这个案例中，用户将使用 Excel、Word 和 Acrobat 等多个软件和工具，从而高效完成任务。

8.8.1 案例描述

打开本书配套案例素材"高效办公.xlsx",该工作簿内包含 2 个工作表,其中 Sheet1 为基础数据,如图 8-30 所示,Sheet2 为部门分配标准和联系信息,如图 8-31 所示。除此之外,还有一个用于"录用通知单"Word 文档,为后续邮件合并使用。分别并按照以下要求完成相应操作,最终实现批量生产单个"录用通知单"的任务。具体操作要求如下:

	A	B	C	D	E	F	G	H	I	J	K	L	M	N	O	P	Q	R
1	编号	姓名	评委1	评委2	评委3	评委4	评委5	评委6	评委7	评委8	评委9	评委10	总分	名次	录用部门	负责人	办公室	电话
2		王豪	87	95	95	94	87	87	87	92	98	99						
3		王鑫	93	84	84	79	87	99	92	79	83	94						
4		沙振威	79	82	97	98	100	98	90	60	98	85						
5		郭家汉	81	96	92	89	91	82	82	62	95	79						
6		白宗祥	85	84	89	78	86	97	80	97	79	81						
7		闵超	99	62	94	81	88	80	90	96	92	87						
8		王志	82	77	78	81	79	94	84	79	80	81						
9		白冰	97	78	92	94	87	86	92	89	97	79						
10		郭寅虎	81	91	100	92	79	84	86	95	84	91						
11		陈灏	80	81	99	81	70	91	92	82	86	81						
12		董世彦	88	79	87	99	62	90	81	96	99	83						
13		宋明治	91	56	96	100	93	90	91	82	94	98						

图 8-30 "高效办公"基础数据

	A	B	C	D	E
1	名次	部门	负责人	办公室	电话
2	0	设计部	李和平	A302	13123946852
3	3	财务部	张霞	A309	13316253256
4	7	办公室	林天遥	A313	19623698524
5	10	销售部	王平	A322	18634658524
6	15	无	无	无	无

图 8-31 "高效办公"部门分配标准和联系信息

- 为应聘人员"编号",从上到下为"ZP2021001"到"ZP2021020"。
- 计算"总分",总分为 10 个评委打分的和,减去打分中的最高分和最低分。
- 按照"总分"计算出所有应聘人员的"名次"。
- 依据"名次"依次按照设计部、财务部、办公室、销售部进行部门录用,各部门依次招聘 2 人、4 人、3 人、5 人,共计录用 14 人,计算出"录用部门""负责人""办公室""电话"。
- 对 Sheet1 表格数据按照"名次"升序排序,"名次"相同再按照"姓名"升序排序。
- 将该工作簿 Sheet1 表作为数据源,在 Word 中批量生成被录用人员的录用通知单(未被录用不显示),保存为 PDF 文件。
- 对 PDF 拆分为单个文件,并根据录用人员姓名为拆分后的 PDF 文件重命名。

8.8.2 案例实操

打开 Excel 素材文件,并按以下操作步骤进行操作:

(1)在工作表 Sheet1 中,在"编号"列的 A2 单元格输入"ZP2024001",并双击该单元格填充柄,为所有应聘者编号。

(2)在"总分"列的单元格 M2 中,录入公式"=Sum(C2:L2)-Max(C2:L2)-Min(C2:L2)",并双击该单元格的填充柄,完成"总分"计算。

（3）在"名次"列的单元格 N2 中，录入公式"=Rank.EQ(M2,$M$2:$M$21)"，并双击该单元格的填充柄，完成"名次"计算。

（4）根据部门分配原则，在工作表 Sheet2 的"名次"列中依次输入 0、3、7、10、15，分别对应"设计部""财务部""办公室"和"销售部"，并按照"名次"升序排序。

（5）在"录用部门"列的单元格 O2 中，录入公式"=Lookup(N2,Sheet2!A$2:$B$6)"，并双击该单元格的填充柄，完成"录用部门"分配。

（6）在"负责人"列的单元格 P2 中，录入公式"=Vlookup($O2,Sheet2!$B$2:$E$6, Column()-14,0)"，并双击该单元格的填充柄，完成"负责人"录入。公式使用了混合地址引用"$O2"，表示列不随目标单元格地址变化，而行随目标单元格地址变化；"Column()-14"来计算返回哪一列，其中当前单元格 P2 为第 16 列，"Column()-14"结果为 2，故返回第 2 列值。

（7）拖曳单元格 P2 填充柄向右，依次为 Q2、R2 填上公式，则两个单元格的公式分别为"=Vlookup($O2,Sheet2!$B$2:$E$6,Column()-14,0)"和"=Vlookup($O2,Sheet2! $B$2:$E$6,Column()-14,0)"。

（8）选择区域 P2:R2，双击该区域右下角的填充柄，为所有应聘者计算出相应的"负责人""办公室"和"电话"。选中区域 R2:R21，按组合键 Ctrl+1 设置单元格属性，在数字选项卡分类中选择"自定义"，并在右侧"类型"文本框内输入"000-0000-0000"。

（9）依次执行"数据"→"排序和筛选"→"排序"命令，设置 2 个排序字段，排序关键字分别为"名次"和"姓名"，都按"升序"排序，完成效果如图 8-32 所示。完成后保存该工作簿，关闭。

	A	B	C	D	E	F	G	H	I	J	K	L	M	N	O	P	Q	R
1	编号	姓名	评委1	评委2	评委3	评委4	评委5	评委6	评委7	评委8	评委9	评委10	总分	名次	录用部门	负责人	办公室	电话
2	ZP2024001	王豪	87	95	95	94	87	87	92	98	99	735	1	设计部	李和平	A302	131-2394-6852
3	ZP2024003	沙振威	79	82	97	89	100	98	90	60	98	85	727	2	设计部	李和平	A302	131-2394-6852
4	ZP2024012	宋明治	91	56	96	100	93	90	91	82	84	98	725	3	财务部	张霞	A309	133-1625-3256
5	ZP2024019	赵东	90	99	65	89	100	82	86	88	84	100	718	4	财务部	张霞	A309	133-1625-3256
6	ZP2024008	白冰	97	78	92	94	87	86	92	89	97	79	716	5	财务部	张霞	A309	133-1625-3256
7	ZP2024014	邢江彪	79	99	96	83	88	88	80	95	96	714	6	财务部	张霞	A309	133-1625-3256
8	ZP2024016	李飞	93	100	99	81	81	78	82	92	82	99	709	7	办公室	林天遥	A313	196-2369-8524
9	ZP2024017	王钱瑜	79	80	91	100	92	93	91	88	85	89	709	7	办公室	林天遥	A313	196-2369-8524
10	ZP2024006	闵超	99	62	94	81	88	80	90	96	92	87	708	9	办公室	林天遥	A313	196-2369-8524
11	ZP2024020	张强	96	97	86	94	87	86	89	78	61	91	707	10	销售部	王平	A322	186-3465-8524
12	ZP2024009	郭寅虎	81	91	100	92	79	84	86	95	84	91	704	11	销售部	王平	A322	186-3465-8524
13	ZP2024011	董世彦	88	79	87	99	62	90	81	96	99	83	703	12	销售部	王平	A322	186-3465-8524
14	ZP2024018	陈学	94	98	62	100	98	85	62	82	85	95	699	13	销售部	王平	A322	186-3465-8524
15	ZP2024002	王鑫	93	84	84	79	87	99	92	79	83	94	696	14	销售部	王平	A322	186-3465-8524
16	ZP2024004	郭家汉	81	96	92	89	91	82	82	62	95	79	691	15	无	无	无	无

图 8-32 工作表 Sheet1 完成效果

（10）打开 Word 素材，依次执行"邮件"→"开始邮件合并"→"选择收件"→"使用现有列表"命令，将前面完成的工作表 Sheet1 设置为邮件合并数据源。

（11）然后再执行"开始邮件合并"→"编辑收件人列表"命令，在打开的"邮件合并收件人"对话框中，单击右下方的"筛选"命令，在打开的"筛选和排序"对话框的"筛选记录"选项卡里，依次设置"域"为"录用部门"，"比较关系"为"不等于"，"比较对象"为"无"，从而过滤掉未被录用的记录。

（12）在 Word 正文中依次添加"姓名""总分""录用部门""负责人"和"电话"，并设置为红色、倾斜显示，如图 8-33 所示。

《姓名》你好：

恭喜你，顺利通过了我公司2024年招聘面试考核。此次考核满分800分，你的考核分数为《总分》分，被录用到我公司《录用部门》，请你于11月15日前携带此录用通知单到公司《办公室》办公室报到，过期未到视为放弃。

联系人：《负责人》　　　　电话：《电话》

图 8-33　Word 文档内容

（13）完成后保存文件，再依次执行"邮件"→"完成并合并"→"编辑单个文档"命令，在打开的"合并到新文档"对话框中，选择"全部"，单击"确定"按钮，随即系统将批量生成一个新的 Word 文档，即全部被录用的录用通知单，分别保存为"结果.docx"和"结果.pdf"文件。

（14）使用 Acrobat 软件打开"结果.pdf"文件，依次执行"工具"→"组织页面"→"拆分"命令，并设置"拆分选项页数"为1，单击"拆分"按钮即可完成拆分。

（15）对于拆分出来的 14 个 PDF 文件，分别使用 BAT 批处理文件读取文件名，使用 Excel 表格生成 Rename 批命令，最后使用 BAT 批处理文件批量执行 Rename 命令，从而完成批量重命名操作。具体操作如下：读取文件名称的命令为"dir *.*/b >文件名.txt"，从而得到"文件名.txt"文件，文件内容共有 14 行，分别是"结果_部分 1.pdf""结果_部分 2.pdf"……"结果_部分 14.pdf"。

修改文件名称的命令为"rename 原名称 新名称"，如"rename 结果_部分 1.pdf 王豪.pdf"，分别复制"文件名.txt"的 14 行文件名记录、Sheet1 的"姓名"到 Excel 表格的 B、C 列，A 列单元格填充相同内容"rename"，D1 单元格使用公式"=A1&B1&" "&C1"，使用填充柄在 D2 到 D14 单元格复制 Rename 命令。

复制单元格 D1:D14 内容，粘贴到新建的"批处理.txt"，保存关闭文件后，修改文件扩展名为"BAT"（即"批处理.bat"），运行"批处理.bat"文件即可批量执行重命名操作，完成全部操作。

8.8.3　案例总结

该案例主要用到了 Excel 的 Lookup、Vlookup 函数和数据排序功能，Word 的邮件合并，以及 PDF 和 BAT 文件处理等相关知识。案例的核心是向用户传递一个灵活、综合使用多种软件高效处理问题的思路，而非局限在 Excel 或其他某一个软件，综合运用多种软件，甚至是平板、手机、录音笔等多种硬件设备，让软件、硬件都能各司其职、各骋所长，用最短的时间、最快的速度、最低的成本完成任务，从而助力企业降本增效。

8.9　本章习题

一、判断题

1．Excel 不支持复制内容到其他软件中粘贴。　　　　　　　　　　　　　　（　　）

2. Excel 函数嵌套使用时，最多嵌套层数不得多于 3 层。（　　）

3. 使用定义名称功能，可以有助于提高数据量较大的数据计算与分析效率。（　　）

4. 数据统计、计算、分析，有助于提升企业科学决策能力。（　　）

二、选择题

1. Excel 中公式"=Rank(L2,$L$1:$L$20)"的作用是（　　）。

 A. 计算出单元格 L2 的数值在区域 L1:L20 中的大小排名

 B. 在区域 L1:L20 中产生单元格 L2 的数值个数的随机数

 C. 对区域 L1:L20 中数据进行单元格 L2 中声明的升序排序

 D. 对区域 L1:L20 中数据进行单元格 L2 中声明的升序排序

2. 若单元格 A1 存放的是身份证号，则公式"=Replace(A1,7,4,"****")"的作用是（　　）。

 A. 将身份证号的第 4 位后 7 位数字替换成"****"

 B. 将身份证号的第 7 位后 4 位数字替换成"****"

 C. "*"作为通配符，将身份证号的第 7 位数字替换成 4

 D. "*"作为通配符，将身份证号的第 4 位数字替换成 7

3. 若单元格 A1 存放数字 7，则公式"=If(Mod(A1,2),"男","女")"的结果是（　　）。

 A. 男   B. 女

 C. #N/A   D. FALSE

4. 若单元格 A1 存放数字 7，则通过执行"设置单元格格式"→"数字"→"自定义"命令，并在右侧"类型"文本框里输入"0.0 元"设置后，则单元格 A1 显示为（　　），其数据类型是（　　）。

 A. 7 元　数字   B. 7.0　数字

 C. 7.0 元　文本   D. 7.0 元　数字

5. 若在单元格 A100 输入公式"=Text(Row()+1,"0-00")"，则显示的结果是（　　），其数据类型是（　　）。

 A. A100　文本   B. A101　文本

 C. 1-01　文本   D. 1-01　数字

6. 单元格 A3 中存放着 18 位身份证号，计算出生日期的公式是（　　）。

 A. =Date(Mid(A3,6,4),Mid(A3,10,2),Mid(A3,12,2))

 B. =Date(Mid(A3,7,5),Mid(A3,11,3),Mid(A3,13,3))

 C. =Date(Mid(A3,6,3),Mid(A3,10,1),Mid(A3,12,1))

 D. =Date(Mid(A3,7,4),Mid(A3,11,2),Mid(A3,13,2))

7. 从 18 位身份证号码中提取性别，身份证号码第 17 位数为偶数时表示女性，奇数表示男性。假设单元格 A3 中存放着 18 位身份证号，可以使用的公式是（　　）。

 A. =If(Mod(Mid(A3,17,1),2)=1,"女","男")

 B. =If(Mod(Mid(A3,17,2),2)=1,"男","女")

C．=If(Mod(Mid(A3,17,1),2)=0,"男","女")

D．=If(Mod(Mid(A3,17,1),2)=1,"男","女")

8．统计单元格区域 A1:A55 考试为 100 分的人数，可以使用的公式是（　　）。

A．=Count(A1:A55,100)　　　　B．=Countifs(A10:A55,100,A1:A9,100)

C．=Counta(A1:A55,100)　　　　D．=Countif(A1:A55,100)

9．假设 B2:B56 列存放学生的性别，K2:K56 列存放该班学生的分数，则可以返回某班男生成绩之和的公式是（　　）。

A．=Sumif(B2:B56,"女",K2:K56)　　B．=Sumif(B2:B56,"男",K2:K56)

C．=Sumif(K2:K56,"男",B2:B56)　　D．=Sumif(K2:K56,"女",B2:B56)

10．根据出生年份推算生肖，其原理是用出生年份除以 12，再用除不尽的余数对照如下：0→猴，1→鸡，2→狗，3→猪，4→鼠，5→牛，6→虎，7→兔，8→龙，9→蛇，10→马，11→羊。如出生于 1921 年，即用 1921 年除以 12，余数为 1，对照上面得知余数 1 对应生肖是鸡。若单元格 A2 存放着出生日期，则下面 Excel 公式直接推出属相，正确的是（　　）。

A．=Mid("猴鸡狗猪鼠牛虎兔龙蛇马羊",Mod(Year(A2),12)+1,1)

B．=Mid("猴鸡狗猪鼠牛虎兔龙蛇马羊",Mod(Year(A2),12)+1,1)

C．=Mid("猴鸡狗猪鼠牛虎兔龙蛇马羊",Mod(Year(A2),12),1)

D．=Mid("猴鸡狗猪鼠牛虎兔龙蛇马羊",Mod(Year(A2),12)-1,1)

11．假设数据在单元格区域 A1:A10，如果要在 B 列显示出对应 A 列按照降序排列的序号（即最小的数对应的序号是 1），则 B1 单元格可以使用公式（　　）向下填充至 B10。

A．=Rank(A1,$A$1:$A$10,1)　　B．=Rank(A1,$A1:$A$10,1)

C．=Rank(A1,$A$1:$A10,1)　　　D．=Rank(A1, A1:A10,1)

12．假设数据在单元格区域 A1:A10，如果想在 B 列直接从小到大显示排序结果则可以使用公式（　　）向下复制即可。

A．=Small($A$1:$A$10,Row(2:2))　　B．=Small($A$1:$A$10,Row(1:1))

C．=Small($A$1:$A$10,Row(0:0))　　D．=Small($A1:$A$10,Row(1:1))

13．假设数据在单元格区域 A1:A10，如果想在 B 列直接从大到小显示排序结果则可以使用公式（　　）向下复制即可。

A．=Large($A$1:$A$10,Row(2:2))　　B．=Large($A$1:$A$10,Row(1:1))

C．=Large($A$1:$A$10,Row(0:0))　　D．=Large($A1:$A$10,Row(1:1))

14．假设数据在单元格区域 A1:A10，如果要在 B 列显示出对应 A 列按照升序排列的序号（即最大的数对应的序号是 1），则 B1 单元格可以使用公式（　　）向下填充至 B10。

A．=Rank(A1,$A$1:$A$10,0)　　B．=Rank(A1,$A1:$A$10,0)

C．=Rank(A1,$A$1:$A10,0)　　　D．=Rank(A1, A1:A10,1)

15．删除单元格 A1 中的所有"*"号，可以使用公式（　　）完成。

A．=Substitute(A1,"*","",1)　　　B．=Substitute(A1,"*","",0)

C．=Substitute(A1,"*","*")　　　 D．=Substitute(A1,"*","")

16. 删除单元格 A1 中第 1 次出现的 "*" 号，可以使用公式（   ）完成。

    A．=Substitute(A1,"*","",1)　　　　B．=Substitute(A1,"*","",0)

    C．=Substitute(A1,"*","*")　　　　　D．=Substitute(A1,"*","")

17. 工作表中存放了第一中学和第二中学所有班级总计 300 个学生的考试成绩，A 列到 D 列分别对应"学校""班级""学号""成绩"，利用公式计算第一中学 3 班的平均分，可以使用公式（   ）解决。其中第一行是标题，即 A1="学校"、B1="班级"、C1="学号"、D1="成绩"。

    A．=Average(D2:D301,B2:B301,"3 班")/Countifs(B2:B301,"3 班")

    B．=Averageif (D1:D301,B1:B301," 第一中学",B2:B301,"3 班")

    C．=Averageifs(D2:D301,A2:A301,"第一中学",B2:B301,"3 班")

    D．=Averageif(D2:D301,A2:A301,"第一中学",B2:B301,"3 班")

18. Excel 工作表 D 列保存了 18 位身份证号码信息，为了保护个人隐私，需将身份证信息的第 9 到 12 位用"*"表示，以 D2 单元格为例，可以使用下列公式（   ）完成。

    A．=Replace(D2,9,4,"***")　　　　B．=Replace(D2,9,12,"****")

    C．=Replace(D2,9,4,"****")　　　　D．= Replace(D2,9,4,"*")

19. 在 Excel 工作表单元格 A1 里存放了 18 位二代身份证号码，其中第 7～10 位表示出生年份。在 A2 单元格中利用公式计算该人的年龄，正确的公式是（   ）。

    A．=Year(Today())-Mid(A1,6,8)　　　B．=Year(Today())-Mid(A1,6,4)

    C．=Year(Today())-Mid(A1,7,8)　　　D．=Year(Today())-Mid(A1,7,4)

20. 在 Excel 中，如需对单元格 A1 中数值的小数部分进行四舍五入运算，正确的公式是（   ）。

    A．=Int(A1)　　　　　　　　　　　B．= Rounddown(A1)

    C．=Round(A1,0)　　　　　　　　　D．=Roundup(A1,0)

三、思考题

1．分析本章 8 个综合案例，思考 Excel 数据分析在日常工作生活中的作用是什么？

2．思考 Excel 函数嵌套的使用技巧有哪些？

3．思考数据透视表的使用方法，以及与数据分类汇总之间的差异有哪些？

4．总结 Excel 常用的组合键，思考使用组合键的好处有哪些？

5．结合用户自己的工作生活，涉及一个提升工作效率的 Excel 应用案例，并加以分析其中用到了哪些知识，以及操作过程中的注意事项有哪些？

第 9 章 常见问题解析

9.1 Excel 常见误区

为了便于 Excel 表格数据的后期处理,提高工作效率,用户要对 Excel 表格有一个深入的理解,尽可能避免不必要的错误操作,养成好的数据习惯。

1. 单元格输入长篇文本文字

有不少用户错误认识了 Excel 和 Word 表格,误认为两者作用相似,其实它们有着本质区别。Excel 主要用于数据计算、分析,而 Word 表格主要用于规范格式显示,而非数据计算,也就是说如果要出现大段文本要录入时,原则上应该首选 Word 而非 Excel,这也是 Excel 对限制单元格行高的原因。

2. 频繁出现合并单元格操作

不少用户有给表格设计表头的习惯,其实这类操作在 Excel 中并不适用,对于表格表头的说明建议用户可以放置到 Excel 工作簿或工作表名称上,而非使用合并单元格作表头。除此之外,还有列单元格合并、行单元格合并等,都非常不利于后期的数据计算和分析。

3. 单元格录入内容过于复杂

Excel 单元格里的数据内容应该尽可能细化,尤其是同一列数据,过于复杂的复合数据不宜出现在同一单元格内。如"工号""姓名"应该各自作为一列数据,而非"工号姓名"作为一列数据,这样如果未来就是需要"工号姓名"这样的列时,我们也可以通过对两列数据简单计算得到。

4. 数据录入不规范

为了方便后期对数据的加工处理,单元格录入数据时要尽可能规范,避免数据录入随意性,比较常见的问题有:在不足 3 个字的"姓名"中间添加空格,同一列数据个别数据带单位,同一列数据单位不同,单元格数据中有无意义的特殊符号,同一行数据间存在自相矛盾的数据等。

5. 数据分析不够细心

Excel 数据处理与分析的目的,是为了得出用于科学决策的有效数据依据,经历数据录入、规范处理、计算、分析,最终形成结果性结论。在此过程中,用户一定要时刻小心、高度认真,避免各种低级错误、失误。

6. 修改软件默认设置

如果计算机是用户一个人使用,可以修改软件的默认设置,如组合键、自定义序列、自动更正等。但如果计算机是由多人公用,或者用户偶尔使用其他计算机完成工作时,都建议尽可能保持软件的默认设置,因为在不同计算机上习惯性使用自认为的默认设置时,往往不能达到预期效果,影响用户的使用习惯和工作效率。

9.2 数据录入问题

9.2.1 系统设置问题

1. 输入的英文字母、数字或符号略显"肥胖"

这种情况很有可能是用户输入法上的"全角/半角"设置导致的问题，建议用户设置为"半角"输入模式。以搜狗拼音输入法为例，用户可以单击其工具条上的"全角/半角"切换按钮，即可完成切换。

2. 输入新字符，后面的字符会被替换掉

这种情况往往是用户启用了"改写"状态，输入数据一般情况下默认是"插入"状态，当用户按下键盘上 Insert 键后，会将"插入"状态变为"改写"状态。用户只需要再次单击 Insert 键，即可将"改写"状态变为"插入"状态。

3. 只能输入大写字符，不能输入小写字符或中文

这种情况很有可能是用户按下了 CapsLock 大写锁定键造成的，用户只需要再次单击 CapsLock 键即可，键盘上往往会有一个相应的指示灯来查看大写字符是否锁定。

4. 数据小键盘不能录入，变成了方向键

这种情况很有可能是用户按下了 Num 数据锁定键造成的，用户只需要再次单击 Num 键即可，键盘上往往会有个相应的指示灯来查看数据小键盘是否锁定。

5. Excel 的常用功能都不见了

这种情况大概率是 Excel 功能区被隐藏的原因，用户可通过单击菜单命令展开功能区，然后点击该功能区右下角的"固定功能区图标"按钮，或者使用组合键 Ctrl+F1 即可。

6. 按下 Enter 键活动单元格不下移，而是向右移

默认情况下，Excel 按下 Enter 键后活动单元格应该向下移动，如果出现向右移动则说明系统设置问题。用户可以依次执行"文件"→"选项"命令，打开"Excel 选项"对话框，在左侧"高级"选项卡中找到"按 Enter 键后移动所选内容方向"，设置为"向下"即可。

7. Excel 页面显示比例无意间变大或变小

出现这种情况，很有可能是用户无意间在按下 Ctrl 键的时候滚动了鼠标中间滚轮。在 Excel 操作中，除了右下角拖动设置缩放比例外，在按下 Ctrl 键的基础上向上（或向下）拨动鼠标滚轮，会放大（或缩小）显示比例。

8. 工作簿不能重命名

很多情况下可能是该工作簿正处于打开状态，用户需要在关闭工作簿的前提下，才可以对工作簿重命名。

9.2.2 单元格格式设置问题

1. 单元格的内容显示不全，只出现了前面一部分文字

当右侧单元格里有数据时，该单元格宽度不足以显示出全部内容时，Excel 会默认显示出

部分内容。用户可以增加该列的列宽，或者设置该单元格内容自动换行显示，即可解决该问题。

2．输入内容变成了"####"，内容看不到

这个问题往往还是单元格过小造成的，如当单元格里是日期型数据时，就会显示成"####"，但只是数据显示的外观变了并不影响数据本身。类似的，当单元格里是数值型数据时，往往显示为科学记数法，如"3.69E+7"表示3.69乘以10的+7次方。

3．输入以"0"开头的数据，总是自动把"0"删除

当用户输入以"0"开头的类如电话区号（如"0371"）数据时，Excel会默认将其视为数值型数据，自动将其前面的"0"给删除。用户可以设置该单元格数据格式为文本型数据，或者在输入数据前面加上半角单引号"'"，即可解决该问题。

4．输入分数，总是显示为日期

Excel默认输入分数时，会优先视为日期。另外，当用户输入"2/13"或"13/2"时，它往往都显示为"2月13日"。用户可以设置该单元格为文本型数据，或者在输入分数前加上"0 "（0空格，如"0 2/13"）即可完成分数的录入。同时，日期的显示有多种格式，用户可以通过单元格格式进一步设置。

5．输入的公式不计算，直接显示为公式

这个问题大概率是单元格数据格式被设置成了文本型格式，用户只需要修改该单元格格式为常规，然后再双击公式单元格，按下Enter键就可以运算。除此之外，还有一种可能就是用户设置了"显示公式"，为此用户可以通过依次执行"公式"→"公式审核"→"显示公式"命令，取消"显示公式"即可。

9.2.3 数据填充问题

1．为多个单元格录入相同值，应该如何操作

这里介绍三种方法，用户要根据实际情况来掌握。一是选择录入数据单元格后，拖曳或双击（有时需结合Ctrl键）填充柄；二是使用鼠标圈选、Ctrl或Shift键选择目标单元格区域的基础上，录入数据后按组合键Ctrl+Enter；三是复制数据，然后选择目标单元格粘贴。

2．填充柄不能填充周一到周日序列，该怎么办

Excel默认列表中有"星期一～星期日"，但没有设置"周一～周日"，如果用户需要使用"周一～周日"填充的话，可以通过依次执行"文件"→"选项"打开"Excel选项"对话框，在左侧"高级"选项卡中找到"常规"→"编辑自定义列表"按钮，新建用户需要的自定义列表，设置完成后就可以正常使用了。

3．拖曳填充柄录入数据时，如何控制同值和序列

一般情况下，Excel对系统已有序列外的文本、数值等数据类型默认是同值填充，对已有序列、文本数字混合（如信息1班）是差值填充，即在不按Ctrl键的前提下拖曳填充柄，前者录入内容相同，后者为差值变化。其实用户大可不必费神记忆，可以在拖曳填充柄填充数据时观察填充柄的提示标签，若提示标签内容不符合要求，尝试按下Ctrl键再拖曳填充柄试试，往往就可以解决问题。

9.3 公式错误问题

9.3.1 公式使用问题

1. 输入公式提示语法错误，怎么处理

尽管 Excel 已经非常智能，它能够自动帮用户处理简单的错误，如校正补")"、自动识别全角符号等，但用户还是要尽可能减少这种错误，提供工作效率。一是要检查录入函数名称的正确性，建议结合系统提示使用 Tab 键输入；二是提前设置输入法为半角状态；三是可以使用组合键 Shift+F3 打开"函数参数"对话框完成函数录入；四是注意使用"公式"→"公式审核"→"公式求值"进行排错。

2. Count 函数统计出的结果，为何会不正确

首先 Count 函数对应的是数值型数据的计数，也就是说对于非数值型数据，它是不能统计数量的，用户要深入理解 Count 函数组中的几个函数灵活运用。

3. 公式计算结果明显错误，该怎么办

在使用公式函数计算数据时，明明很简单的数据计算却显示出的结果不正确。出现这种问题的原因很多，建议用户仔细观察公式中是否包含有隐藏数据（如隐藏的数据列），单元格数据是否存在四舍五入，单元格里的数据格式是否一致等，若都不能解决问题，可以借助于"公式"→"公式审核"→"公式求值"来进一步排错。

9.3.2 单元格引用问题

1. 绝对引用录入太麻烦，有无快捷方法

用户在选中单元格地址的前提下，使用 F4 键可以实现相对引用、绝对引用、混合引用的转换，十分便捷。多次按 F4 键，可以实现相对引用、绝对引用、混合引用的切换。另外，用户也可以通过定义名称来实现相对引用、绝对引用、混合引用的转换。

2. 单击表格数据时，会无故打开网页

这种情况大概率是单元格里存在超链接对象，用户可通过右击该单元格，执行快捷菜单中的"取消超链接"命令删除超链接。相反，要为单元格添加超链接的话，可以依次执行"插入"→"链接"命令来设置。

3. 地址混合引用时，应该如何添加"$"符号

要解决这个问题，用户必须弄清楚混合引用中"$"符号的作用，当"$"在列前时则表明该引用控制列不变化，当"$"在行数字前时表明其控制行数不变化。举例说明在 C1 单元格中录入"=$A1+B$2"，将 C1 单元格复制到 D3 单元格，D3 单元格应为"=$A3+C$2"，原因是 C1 与 D3 对比是列增加 1，行增加 2，因为"$A1"控制列不变行变故变为"$A3"，"B$2"控制列变行不变故变为"C$2"。

9.3.3 名称定义问题

1. 使用绝对引用后公式变得很长，不便于阅读

遇到这种情况，用户可以考虑使用定义名称的方式替代单元格的绝对引用，或者将公式化解为多步但容易理解的计算方法，使用多个单元格，最后将过程单元格隐藏，从而便于公式的阅读。

2. 总是记不住定义过的名称，该如何处理

定义名称的目的是提高工作效率，如果不是经常要用的名称其实没必要定义，也就是非必要不定义名称。同时，定义名称时要尽可能的见名知意，不要一味追求简短而增加后期阅读的难度，同时定义名称时要注意避开 Excel 系统保留字符。

3. 复制单元格时，出现名称已存在的提示

通常这是指复制的单元格里引用有名称，而这个名称在目标工作表里已存在，二者之间有冲突导致的。用户可以依次执行"公式"→"定义的名称"→"名称管理器"命令，打开"名称管理器"对话框，对工作表现有的名称进行处理（如修改名称），进而解决问题。

9.3.4 公式调试问题

1. 复制粘贴之后，为何数据会变化

Excel 默认复制粘贴时，是粘贴原单元格的公式和格式，若原单元格内有相对引用的公式或函数，那么很有可能粘贴后的目标单元格数据不一样。如果仅仅就是要原单元格里的数据，可以使用选择性粘贴，在"粘贴选项"中使用"值"来处理。

2. 想快速复制对象，该如何操作

复制对象的方法有很多，这里介绍三种效率较高的操作方法：一是使用组合键 Ctrl+C 和 Ctrl+V；二是使用鼠标拖曳对象到目标区域，若想复制对象则需结合 Ctrl 键；三是使用填充柄填充同值对象。

3. 公式报错提示信息，应该怎么使用

Excel 有很好的提醒设置，用户可以根据提示快速找到错误原因，对于常见的报错提示应该熟练掌握，如#DIV/0!、#N/A、#NAME?、#REF!等。报错提示#DIV/0!，表示公式中的除数为零或者为空单元格；报错提示#NAME?，表示公式中使用了 Excel 无法识别的名称或文本；报错提示#VALUE!，表示公式中的参数类型不匹配不能计算；报错提示#REF!，通常是因为单元格被删除或移动，导致公式引用了无效的单元格或区域。

4. 面对错误提示，为何总是紧张不知所措

用户在使用 Excel 处理数据时，首先不要害怕错误提示，出现错误提示时认真查看提示内容，很多时候提示内容说得很清楚，根据提示很容易解决问题。其次，利用好"公式"→"公式审核"→"公式求值"逐步计算进而排错。最后，还可以将提示信息复制到搜索引擎中，在网络上寻求解决方案。

9.4 函数问题

9.4.1 函数选择问题

1. 面对多个类似功能的函数，如何选择使用

尽管本书详细介绍了 Excel 常用函数，并将它们分门别类进行规整，在一定程度上能够帮助用户理解它们，但也存在部分函数讲解不到位，或者没介绍到的情况。用户要想正确的选择函数，建议做好以下四点：一要深入理解相应函数组内各函数的差异；二是用好函数录入时的函数功能提示；三要用好"函数参数"对话框；四是用好网络搜索引擎学习新知识。

2. 函数太多不容易记住，有什么方法吗

面对这个问题，首先是用户不要有畏难情绪，要尽量加强对函数的理解，结合实际反复使用，进而掌握它并进一步加深理解。其次，推荐用户采用对类似函数分组的方式对比记忆，这里的分组可以是函数作用、外观类似或对立，方便函数理解和识记。最后，不盲目记忆操作步骤，要加强理解，并在理解的基础上多加练习。

3. 针对同一个问题，是否必须用某种固定方法操作

用户在学习过程中，应该多尝试不同的方法来解决问题，但在日常工作生活中，大可不必拘泥于形式，条条大路通罗马，一个问题往往有多种方法可以完成，不论采用何种方法解决问题才是根本。就从身份证号中提取生日的问题，直接复制一个生日用快速填充命令，或者使用数据分列命令提取，或者使用字符串截取函数 Mid，再或者使用字符串截取函数 Left 和 Right 结合等，有很多种方法都可以完成。

9.4.2 函数使用问题

1. 面对复杂的公式，应该如何处理

在第 8 章的综合案例中，就出现了不少复杂的公式应用。面对过于复杂的公式，用户首先不用过于紧张，可以先分析、思考问题，然后像做数学题一样用演草纸演算，最后再在计算机上完成。另外，就是可以借助于定义名称简化公式，通过增加辅助列将目标分解成若干个步骤过程，借助辅助列简化问题再逐步处理。

2. 如何理解函数嵌套，有什么技巧

简单的说，函数嵌套就是用某个函数（或某几个函数）的计算结果作为另一个函数的参数，且函数嵌套里的函数还可以进一步嵌套其他函数。

如公式"=If(Today()<N2,"距离生日还有"&Datedif(Today(),N2,"d")&"天","")"，就是 If 条件判断函数嵌套了 Datedif 日期间隔函数，Datedif 日期间隔函数又嵌套了 Today 系统日期函数。进一步剖析这个公式，可以先把字符串连接这些修饰去除，即得到"=If(Today()<N2,Datedif(Today(),N2,"d"),"")"，也就是如果 Today()<N2 成立，得到 Datedif(Today(),N2,"d")，否则""什么都不显示。进而分析 If 函数"Datedif(Today(),N2,"d")"参数，判断 Today 系统日期函数和 N2 单元格里的日期相差多少天。公式总体的作用就是对比系统日期是否小于

N2 日期，是的话返回系统日期和 N2 日期的差，否则什么都不显示。

3. 文本替换函数 Replace 和 Substitute，如何区分

Replace 和 Substitute 函数都是文本替换函数，两者有着明显区别。Replace 函数是替换指定位置的内容，即明确替换内容的起始位置和字符长度，而 Substitute 函数是替换指定内容，即明确要替换字符内容。明确这一点后，用户就很容易区分这两个函数，并能够掌握它们各自的函数结构了。

4. 使用 Datedif 函数时，应该注意哪些事项

Datedif 函数作为 Excel 少有的隐形函数，其使用频率还是相当高的，用户应该给予高度重视。该函数一共三个参数，依次是较早日期、较晚日期、间隔单位，这里要求两个日期有先后顺序，即小日期在前，大日期在后，其实这个也非常符合日常书写习惯。另外，就是间隔日期格式对应的分别是年、月、日。

5. Lookup 函数组，应该如何区分掌握

本书介绍了 Lookup、Vlookup、Hlookup 三个函数，区分理解它们其实很简单。涉及行列精确查找数据时，必须使用 Vlookup、Hlookup 而非 Lookup，因为 Lookup 只支持模糊查找。确定精确查找数据后，如果是按列查找数据就是 Vlookup，按行查找数据就是 Hlookup。Lookup 函数使用时永远都是在选定区域最左侧一列（或最上面一行）模糊查找数据，返回选定区域最右侧一列（或最下面一行）数据作为结果，而 Vlookup、Hlookup 则是在选定区域最左侧一列、最上面一行查找数据，返回用户指定列、行返回结果，同时支持模糊查找和精确查找。另外，如果是模糊查找数据时，对应查找的数据列必须先进行升序排序，才能够进行数据定位查找。

6. 各类函数组成员，应该如何区分掌握

首先，本书是由 Sum、Count、Average、Max、Min 五个基础函数开始，由浅入深展开构思函数组，再由五个基础函数发散出功能相似、相对、以及外观相近等关联的函数。其次，本书将功能有相似函数归类为一组，便于读者对比学习，更利于理解。最后，用户要学会归纳、总结，之后加以灵活运用。用户在学习函数时，可以按上述思路去学习就会事半功倍，如掌握了 Sum、If 函数后，就很容易掌握 Sumif，以及 Sumifs 函数，类似的还有其他函数组成员。

9.5 数据分析与打印问题

9.5.1 表格格式设置问题

1. 快速设置表格格式，有什么好方法吗

Excel 作为数据处理软件，其主要功能在于数据计算、处理、分析等数据操作，对于表格的外观并不十分看重，但出于便于阅读的目的，Excel 还是提供了边框和底纹等设置。用户还可以借助于"开始"→"样式"→"套用表格格式"快速设置表格外观，需要提醒的是套用表格格式之后，建议将通过"表设计"→"工具"→"转换为区域"命令将其转化

为普通格式，以便于后期操作。

2. 怎么使用条件格式，提高工作效率

顾名思义条件格式就是数据满足什么条件，显示为指定格式。在选中数据区域的基础上，通过设置条件格式可以便于查看数据，如将小于60的成绩数据显示为红色背景，这样就可以十分方便地找到不及格成绩了，类似的操作有很多，用户要充分利用好条件格式这个功能。

3. 表格隔行设置不同背景颜色，有哪些方法

对相邻记录行设置不同背景颜色，有助于用户阅读，设置方法最容易想到的应该是格式刷，使用条件格式设置也是个不错的选择。在选择数据区域的前提下，依次执行"开始"→"样式"→"条件格式"→"新建规则"命令，打开"新建格式规则"对话框，在"选择规则类型"中选择"使用公式确定要设置格式的单元格"，并在"为符合此公式的值设置格式"中输入公式"=Isodd(Row())"，并设置"格式"的单元格填充颜色即可。这里面"=Isodd(Row())"的意思是判断单元格所在行数是否为奇数，当为奇数时按设定格式显示。

9.5.2 数据排序问题

1. Excel支持按字母排序，它支持按笔画排序吗

Excel对于字符型数据默认是按拼音顺序排序，实际上Excel同时支持按笔画排序，甚至还支持按字体颜色、单元格颜色排序。用户可以依次执行"数据"→"排序和筛选"→"排序"命令，在打开的"排序"对话框，单击"选项"按钮，即可设置排序方法为"笔划排序"。也可以在"排序"对话框的"排序依据"中，选择按"单元格颜色"或"字体颜色"排序。

2. 在记录行之间添加空行，有什么好方法吗

在记录行之间添加空行的方法有很多，最容易想到的传统方法就是逐行添加，但这个方法效率太低，这里介绍个巧用排序的方法。用户可以将现有记录添加一个"序号"，按照记录顺序分别输入1,2,3,……，然后将这个序号数字复制到记录的最后面一份，从而使得每个序号值对应两条记录，其中一条为原来记录，另一条为空行。这时对数据按"序号"排序，即可完成记录之间添加空行的操作。

9.5.3 数据筛选问题

1. 提示无法完成筛选数据，该怎么操作

Excel提示无法完成筛选操作的原因，多数是因为用户没有正确设置数据区域造成的，可以尝试以下操作：一是检查数据筛选区域是否有空行、空列，二是检查数据筛选区域是否有合并单元格，三是检查是否设置了表格格式。

2. 数据筛选结果没有记录，该怎么操作

有时明显能够看到有符合筛选条件的数据，但筛选操作之后显示没有相应记录，出现这个问题时，用户应思考设置的筛选条件是否存在问题，尤其是由于数据类型不同出现的问题。比如表格里的数字是以文本数据类型存储的，这就需要将文本型的数据转换为数值

型数据，可以采取单元格地址"+0"或者"*1"等方法，强制数据类型转换。

3. 日期筛选总是不成功，该怎么操作

对日期时间型数据进行筛选时，经常会遇到筛选不成功的问题，主要原因多来自日期格式不一致，用户可以尝试以下操作：一是检查日期数据是否有错误，二是通过设置单元格格式使日期数据格式统一。设置单元格格式的操作方法如下，首先选中日期数据所在的区域，按组合键 Ctrl+1 打开"设置单元格格式"对话框，在"数据"选项卡中选择"日期"，在右侧设置相应的格式即可。

4. 数据筛选功能，都有哪些特殊应用

除了常见的数据筛选外，Excel 还提供了丰富的自定义筛选选项，如针对数值数据列，用户可以使用大于、小于等多种条件进行筛选；针对文本数据列，可以使用包含、开头为、结尾为等多种条件进行筛选；针对单元格里的数据字体颜色、单元格颜色的颜色筛选。尤其是对文本数据筛选时，Excel 还提供了通配符的自定义筛选功能，即"?"代表单个字符，"*"代表任意多个字符。

9.5.4 数据分类汇总问题

1. 分类汇总显示灰色不能使用，该怎么操作

进行分类汇总操作时，如果遇到了"分类汇总"按钮是灰色的情况，将无法对表格数据进行分类汇总操作，用户可以尝试将表格转化为普通数据区域。具体操作方法如下：用户将光标定位到表格数据内，然后依次执行"表设计"→"工具"→"转换为区域"，完成后"分类汇总"按钮就应该能够正常使用了。

2. 分类汇总出现了重复汇总项，是什么原因

对数据进行分类汇总操作前，用户一定要记得对分类字段进行排序，分类字段是分类汇总的依据，只有将数据按照分类字段排序，才能保证同一类的数据在一起，然后才可以进行分类汇总，否则就会出现汇总项重复出现，且并没有将全部数据正确的汇总的问题。

3. 分类汇总完成后，该如何取消

分类汇总之后要取消分类汇总的话，用户可以依次执行"数据"→"分级显示"→"分类汇总"命令，在弹出的"分类汇总"对话框中，单击"全部删除"命令按钮，即可。

9.5.5 数据透视表问题

1. 日期数据按季度或年度统计，该怎么操作

数据透视表会自动分析数据，当所选数据区域内有日期格式数据时，数据透视表字段里会出现年度、季度、月份等字段，该功能在新版本的 Excel 中出现（如 Excel 2020 版）。这样用户就可以直接拖曳相应的季度、年度等字段，到行、列区域进行数据透视。

2. 数据透视表结果不能及时更新，该怎么操作

默认情况下，数据透视表的结果不像分类汇总那样，随着源数据改变而实时更新结果。为尽可能及时更新数据分析，建议可以在数据透视表内右击，执行快捷菜单中的"刷新"命令，从而刷新数据透视结果。另外，用户也可以在上述快捷菜单中选择"数据透视表选

项"命令，在弹出的"数据透视表选项"对话框中，将"数据"选项卡中数据透视表数据的"打开文件时刷新数据"复选框勾选，从而达到在打开该文件时刷新数据的目的。

3. 插入数据透视表提示失败，该怎么办

用户在创建数据透视表提示错误时，用户一定要认真阅读错误提示，提示内容页往往会告诉我们原因。如提示"字段名无效"，说明表格中有某列没有指定字段名，用户补充字段名即可。另外，在创建数据透视表时注意不要出现合并单元格，否则结果可能会出现空白行，影响数据结果，建议将合并单元拆分并填写相应数据。

9.5.6 表格打印问题

1. 某些行或者列打印到了第二页上，能否打印在一张纸上

遇到这种问题，首先可以尝试调整页边距大小、行高列宽来实现，其次是通过在"页面布局"中设置打印纸张大小和方向，还可以设置或取消"页面布局"中的分页符，最后在打印预览时还能设置打印缩放，这些都是解决上述问题的方法，用户可以根据实际尝试。

2. 在文件的每页都显示相同内容，该怎么处理

用户可以通过单击"页面布局"→"页面设置"右下角功能扩展按钮，打开"页面设置"对话框，在"页眉/页脚"选项卡中完成设置，除了使用 Excel 自带的页眉页脚内容外，用户还可以自定义页眉页脚，具体操作与 Word 相似，这里不再赘述。

3. 复杂的打印要求，该如何应对

Excel 在数据处理方面优势明显，但对于复杂的格式设置和打印要求来说，往往显得力不从心。用户遇到复杂的格式设置和打印要求时，可以考虑将 Excel 表格转换到 Word 来进一步处理，这样往往能够更快更好的完成打印任务。

参 考 文 献

[1] 盖玲，李捷．Excel 2010 数据处理与分析立体化教程[M]．北京：人民邮电出版社，2015．

[2] Excel Home．Excel 2013 函数与公式应用大全[M]．北京：北京大学出版社，2016．

[3] 赛贝尔资讯．Excel 函数与公式应用技巧[M]．北京：清华大学出版社，2014．

[4] 郑小玲．Excel 数据处理与分析实例教程[M]．北京：人民邮电出版社，2016．

[5] 迈克尔·亚历山大，理查德·库斯莱卡．中文版 Excel 2016 公式与函数应用宝典[M]．陈姣，李恒基，译．北京：清华大学出版社，2017．

[6] 杨小丽．Excel 公式、函数、图表与数据处理应用大全[M]．北京：中国铁道出版社，2018．

[7] 互联网+计算机教育研究院．Excel 2013 从新手到高手：公式、函数、图表与数据分析[M]．北京：人民邮电出版社，2018．